Das professionelle 1x1

W0397220

Hans-Michael Klein

Business-Etikette International

Das Deutschlandbild im Ausland
Kulturelle Gemeinsamkeiten und Unterschiede
Praktische Verhaltenstipps für 26 Länder

2. Auflage

Cornelsen

Die Internetadressen und -dateien, die in diesem Werk angegeben sind, wurden vor Drucklegung geprüft. Der Verlag übernimmt keine Gewähr für die Aktualität und den Inhalt dieser Adressen und Dateien und solcher, die mit ihnen verlinkt sind.

Verlagsredaktion: Ralf Boden
Umschlaggestaltung: Magdalene Krumbeck, Wuppertal
Technische Unterstützung: Text & Form, Düsseldorf

Informationen über Cornelsen Fachbücher und Zusatzangebote:
www.cornelsen.de/berufskompetenz

2. Auflage

© 2009 Cornelsen Verlag Scriptor GmbH & Co KG, Berlin

Die 1. Auflage erschien unter dem Titel: Cross Culture – Benimm im Ausland

Das Werk und seine Teile sind urheberrechtlich geschützt.
Jede Nutzung in anderen als den gesetzlich zugelassenen Fällen bedarf der vorherigen schriftlichen Einwilligung des Verlages.
Hinweis zu den §§ 46, 52 a UrhG: Weder das Werk noch seine Teile dürfen ohne eine solche Einwilligung eingescannt und in ein Netzwerk eingestellt oder sonst öffentlich zugänglich gemacht werden. Dies gilt auch für Intranets von Schulen und sonstigen Bildungseinrichtungen.

Druck: Druckhaus Thomas Müntzer, Bad Langensalza

ISBN 978-3-589-23558-2

Inhalt gedruckt auf säurefreiem Papier aus nachhaltiger Forstwirtschaft.

Geleitwort

„In achtzig Tagen um die Welt“ ... hieß es noch bei Jules Verne. Heute sind daraus 8 Stunden geworden, die Welt wächst zusammen, Ländergrenzen verschwimmen und insbesondere die Wirtschaft denkt und handelt global.

Stetig steigende Belastungen im Alltagsgeschäft, weitere Internationalisierung, auch die Berührung mit anderen Kulturkreisen machen Kenntnisse und Anwendungen von Verhaltensweisen über die bekannten Messlatten hinaus unabdingbar.

Als eine der führenden Automobil-Handelsgruppen in Deutschland mit über 1500 Mitarbeitern wirkt die Firmengruppe Edgar Kittner GmbH & Co KG mit Hauptsitz in der Hansestadt Lübeck und 35 Autohäusern weit über die nationalen Grenzen hinaus. Die strategische Ausrichtung in das internationale Business wurde schon früh in den 90er-Jahren mit dem internationalen Handelsgeschäft und einem Engagement in den baltischen Staaten gelegt. Nach dem vollzogenen EU-Beitritt, unter anderem der Staaten des Baltikums, werden die sich ergebenen Marktchancen genutzt, und das weiter zusammenwachsende Europa wird als Plattform für Geschäftsausweitungen gesehen. Um hier höchste Kundenzufriedenheit zu erreichen, sind für unsere Mitarbeiter profunde Kenntnisse der kulturellen Gepflogenheiten, der Sitten und Gebräuche der ausländischen Partner von herausragender Bedeutung.

Umfangreiche, ganzheitliche Aus- und Weiterbildung gibt unseren Mitarbeitern die nötige Sicherheit auf dem internationalen Parkett. Interne Förderprogramme dienen der Motivation, Führung durch Vorleben der Unternehmenskultur. Wir bedienen uns hierzu auch der Knigge-Akademie unter der Leitung von Dr. Hans-Michael Klein, der es versteht, aufgestellte theoretische Regeln dynamisch und nachhaltig zu vermitteln. Als weitere Ergänzung wird dieses Buch dienen, dem ich den verdienten Erfolg wünsche.

im Sommer 2004

Klaus Behrend

Geschäftsführer
Unternehmensgruppe Edgar Kittner GmbH & Co KG, Lübeck

Vorwort

Die Welt wächst zusammen, Entfernungen schrumpfen, Ländergrenzen verschwimmen. Der Begriff vom „global village" ist schon sprichwörtlich geworden. In diesem Weltdorf treffen Nationen und Kulturen, Wertsysteme und Anschaungen aufeinander, die unterschiedlicher nicht sein könnten.

Wer sich nur in seinem eigenen Kulturkreis bewegt, könnte meinen, dass Kategeorien wie Raum und Zeit oder Logik und Empfindung „naturgegeben" und für alle Menschen gleich seien. Der Reisende wird schnell feststellen, dass vielleicht schon im Nachbarland ein anderer Zeit und Raumbegriff herrscht, dass die Menschen als die „kürzeste" Verbindung zwischen zwei Punkten nicht die Gerade ansehen, sondern viele Umwege, Spaziergänge, gemeinsame Mahlzeiten oder ein Gebet. Er wird sehen, dass es Alternativen zu seiner Art zu denken und zu fühlen gibt, die seiner eigenen Auffassung in nichts nachstehen. Ganz zu schweigen von Sitten und Gebräuchen, die über den gesamten Globus hinweg derart varieren können, dass, was in einem Land als besonders tugendhaft gilt, in einem anderen unter Umständen sogar strafrechtlich verfolgt wird. Wer soll sich da zurecht finden, wer soll all die Fettnäpfchen erkennen, die beispielsweise schon an Tisch und Tafel, bei Begrüßungen, Einladungen oder Dress-Codes lauern?

Nun, derjenige, der das vorliegende Buch zu Rate zieht. Wie es in der Fremde zugeht, kann man nicht immer wissen, wer sich da auf seinen Instinkt verlässt, erleidet mitunter Schiffbruch. Dazu benötigt man Faktenwissen und ein geschultes Einfühlungsvermögen.

Was Reisende brauchen, um sich in der Welt zu bewegen ohne anzuecken, will dieses Buch vermitteln. Anhand einer allgemeinen Einführung in das Thema „Das Ich im Verhältnis zum Fremden" und ausgewählten konkreten Länder-Beispielen wird Touristen und Geschäftsleuten ein grundsätzlicher Überblick zu den wichtigsten Benimm-Fragen im Ausland geboten.

Als „Weltreisender" konnte ich viele Erfahrungen und Erkenntnisse selbst gewinnen und gebe sie hiermit weiter. Als Student der Kunstgeschichte und Ethnologie reiste ich kreuz und quer durch ganz Europa und einige Länder des Orients, als Studienreiseleiter und während meiner späteren Seminartätigkeit für die „knigge-akademie.de" kam auch noch der Rest der Welt hinzu – nun ja – wenigstens zu einem großen Teil. Von einer dieser Reisen brachte ich aus der Ukraine meine Ehefrau mit, ihr verdanke ich einige Einblicke in die „russsische (bzw. ukrainische) Seele".

Essen, im Frühjahr 2009 *Hans-Michael Klein*

Inhaltsverzeichnis

Teil A Einführung

1 „Warum sollte man sich im Ausland eigentlich gut benehmen?“

Ich werde oft gefragt, warum man sich eigentlich im Ausland gut benehmen sollte und was „Gutes Benehmen“ in diesem Zusammenhang überhaupt bedeute. Heißt sich gut zu benehmen, sich dem Gastland völlig anzupassen, seine eigene Identität aufzugeben? Sollte man verleugnen, dass man beispielsweise Deutscher ist mit einer vom Gastland verschiedenen Tradition, Sozialisation und anderen allgemeinen Umgangsformen?

„If you come to Rome, do as the Romans do“, lautet eine bekannte Empfehlung. Aha! Sollen wir uns also in Ägypten in den Kaftan hüllen, in Korea begeistert Schäferhund in Aspik goutieren, in Italien unsere Kommunikation mit typisch südländisch ausladender Gestik begleiten und in Frankreich französischer als die Franzosen auftreten?

Wer solche Anbiederungsversuche mit der zwangsläufig daraus resultierenden Peinlichkeit einmal erlebt hat, versteht warum manche Kritiker allzu geschliffener Umgangsformen vor einem Verlust an (nationaler) Authentizität warnen.

Anbiederungsversuche sind zwangsläufig peinlich

Das vorliegende Buch will dieser Problematik Rechnung tragen, indem es von folgenden Grundannahmen für Verhalten von „Fremden“ im Ausland ausgeht.

Grundannahmen für Verhalten von Fremden im Ausland

- Der Fremde will sein Fremdsein, also das eigene „Andersartige“ minimieren, um so wenig wie möglich aufzufallen. Ihm ist bewusst, dass ein gewisses Maß an Fremdsein, etwa in Kleidung und Verhalten, als interessant, ja sogar bereichernd empfunden wird, ein zu starkes Anderssein allerdings Ängste erzeugt, die in Ablehnung transformiert werden können. Er achtet stets darauf, seine Natürlichkeit und Authentizität nicht zu verlieren.

- Er will die Sitten und Gebräuche tolerieren, respektieren und in gewissem Maße auch übernehmen. Dies sogar, sollte er anderer Überzeugung sein.

  Ein Beispiel mag die Haltung dem spanischen Stierkampf gegenüber sein. Respektieren heißt hier nicht unbedingt auch „gutheißen", sondern lediglich ein Verstehen ohne Kritik. Mentale Grundhaltung wäre hier die „Unterwerfung" des eigenen Wollens unter die Maximen des Gastlandes nach dem Credo *„Obwohl ich mich im Recht wähne, stelle ich mein daraus abzuleitendes Verhalten zurück zugunsten der Gepflogenheiten von Individuen und Gruppen des Gastlandes."* Hier würde das bedeuten, dass man im Stierkampf durchaus ein anachronistisches und barbarisches Gemetzel sehen kann, sich mit wertenden Äußerungen darüber aber fein zurückhält.
- Er will von den Bewohnern des Gastlandes „geliebt" werden. Dies entweder, weil er Freunde, Land, Leute, Sprache und Kultur kennen lernen oder erfolgreiche Geschäfte abschließen will. Motivation seines Verhaltens ist die Erzeugung einer positiven Atmosphäre in dem Bewusstsein, dass eine solche für ihn aus welchen Gründen auch immer vorteilhaft ist.
- Schließlich will er schlicht und einfach höflich sein, weil er sich aus der Beachtung von Stil und Etikette eine persönliche Kultivierung verspricht und damit einer Desensibilisierung seiner Wahrnehmung und seines Verhaltens vorbeugen will. Höflichkeit kann hier letztlich als Selbstzucht oder Selbstdisziplinierung verstanden werden.

Gibt es auch Gründe, sich im Ausland „schlecht" bzw. unangepasst zu benehmen?

Natürlich lassen sich auch andere Verhaltensweisen von Deutschen im Gastland denken:

- Suche nach Konfrontation
- Auffallen um jeden Preis
- Erzeugung von Antipathie und negativer Atmosphäre

Um beim Beispiel Stierkampf zu bleiben: Eine Protestaktion deutscher Tierschützer wird auf Stil und Etikette weniger

Rücksicht nehmen als ein Geschäftsreisender, der Business-Partner besucht.

Fremdsein als Markenzeichen

Denkbar ist auch, dass das Fremdsein sozusagen als Markenzeichen dienen kann. Von einer deutschen Schuhplattlertruppe, die in Kairo auftritt, erwartet man gerade nicht, dass sie sich in arabische Gewänder hüllt und sich arabischen Gepflogenheiten angleicht. Hier gehört das Fremdsein zum Programm und will kultiviert und prononciert werden, wenn es interessant sein soll.

2 WAS IST FREMD AN DER FREMDE ODER WAS BEDEUTET EIGENTLICH „DEUTSCH“?

Wer sich mit der Frage beschäftigt, wie man sich in der Fremde zu verhalten habe, muss zunächst einmal erörtern, inwieweit eigentlich die Fremde fremd ist. Das heißt: Fremd im Verhältnis zu was? Im vorliegenden Kontext also im Verhältnis zu dem, was wir „typisch deutsch“ nennen.

Die Festlegung eines „Nationalcharakters“ ist problematisch

Es ist zwar schwierig, einen „Nationalcharakter“ zu bestimmen, also ein charakterliches Wesensmerkmal, das allen Mitgliedern einer Nation mehr oder minder eigen ist. Wer diesen Versuch unternimmt, endet nicht selten in den bekannten Klischees vom feurigen Spanier, liebestollen Italiener, korrekten, aber langweiligen Engländer und was es dergleichen an Stereotypen mehr gibt.

Gerade in Deutschland gibt es eine Fülle von regionalen Unterschieden, die so weit gehen, dass es Ausländern bisweilen schwer fällt, die Zugehörigkeit etwa eines Bayern und eines Hamburgers zur selben Nation festzustellen. Zu unterschiedlich sind hier die Temperamente, Sitten und Gebräuche und bisweilen sogar die Sprachfärbung. Und dennoch darf man wohl trotz aller Gefahr der Verkürzung verschiedene Kriterien des Verhaltens, Empfindens und Denkens subsumieren, die uns Deutsche von anderen Völkern unterscheiden (vgl. auch Teil B, Kap. 2.1.2 „Kulturelle Strukturmerkmale“)

2.1 „Stolz auf Deutschland“?

Wir können hier gleich mit dem Nationalgefühl oder Patriotismus beginnen. Aus bekannten historischen Gründen sind

Die Deutschen haben Probleme mit Begriffen wie „Nationalstolz", oder „Vaterlandsliebe"

wir Deutsche sehr vorsichtig, wenn es darum geht, Begriffe wie „Nationalstolz", „Vaterlandsliebe" etc. zu verwenden. Die Frage: *„Sind Sie stolz, ein Deutscher zu sein?"*, erscheint vielen Deutschen schon fast obszön. Die „Vergangenheitsbewältigung", die ab 1945 mit dem verbrecherischen Naziregime abrechnet, hat hier gründliche Arbeit geleistet. Patriotismus erscheint uns Deutschen eher anrüchig, in der Regel schwingt bei dem Bekenntnis zur deutschen Nationalität weniger Stolz als vielmehr ein gewisses Unbehagen mit.

So verständlich diese Haltung auch in Deutschland ist, löst sie doch in der Welt zuweilen Irritationen aus. Nationalstolz und Patriotismus werden fast überall als etwas völlig Normales empfunden und daher sind Ausländer zuweilen etwas befremdet, wenn bei den Deutschen so gar nichts von einer als normal empfundenen „Vaterlandsliebe" zu spüren ist. Bei aller gebotenen Bescheidenheit sollten wir Deutsche nicht jedes Lob über Deutschland gleich ablehnen oder relativieren.

Das Deutschlandbild in der Welt ist nicht selten wesentlich positiver als wir annehmen

Sicherlich gibt es in vielen Ländern tief greifende Ressentiments gegenüber Deutschland. Dies gilt besonders für die Kriegsgeneration, ist z.B. in den Niederlanden aber gerade auch wieder bei jüngeren Leuten zu beobachten. Dennoch ist das Deutschlandbild in der Welt nicht selten wesentlich positiver als wir annehmen. Dass wir keinen überbordenden Nationalstolz besitzen, wird im Ausland durchaus verstanden. Wenn jedoch Deutsche statt einer als normal empfundenen „Vaterlandsliebe" ständig Bedenken oder gar „Vaterlandshass" äußern, stößt dies in den meisten Kulturen auf Befremden.

SEIEN SIE DAHER IM AUSLAND MIT SELBSTZERFLEISCHENDEN, ÜBERKRITISCHEN KLAGEN ÜBER DEUTSCHLAND VORSICHTIG.

Vergleichbar wäre dies mit dem Befremden darüber, wenn jemand sich in wüsten Beschimpfungen über seine Eltern erginge. Dafür fände sich selten Verständnis, selbst dann nicht, wenn diese schwere Schuld auf sich geladen hätten.

2.2 Das Deutschlandbild im Ausland

Was ist „typisch deutsch"?

Was aber ist, neben dem Misstrauen der eigenen Geschichte gegenüber, „typisch" im Denken und Handeln der Deutschen? Auch hier ist hilfreich, sich einmal anzuschauen, welche Charaktereigenschaften uns im Ausland zugesprochen werden.

Welche Charaktereigenschaften werden uns im Ausland zugesprochen?

Auf der Hitliste der Urteile oder vielleicht auch Vorurteile gegen Deutsche steht die „Ungeduld". Dies ist eine Eigenschaft, mit der sich Deutsche im Ausland wirklich unbeliebt machen.

Ungeduld

In Deutschland wird ein zielgerichteter und zweckorientierter Arbeitsstil gepflegt. Maßstab ist dabei größtmögliche Effektivität und Ökonomie von Zeit und Ressourcen. „Time is money" und die direkteste Verbindung zwischen zwei Punkten ist eine Gerade.

größtmögliche Effektivität und Ökonomie von Zeit und Ressourcen

Dies wird nicht überall in der Welt so gesehen. Vielfach kann die „kürzeste" weil effektivere Verbindung zwischen zwei Punkten auch ein Spaziergang, ein Gebet oder ein fünfstündiges Abendessen sein. Dass wir keinen Grund haben, auf einen solchen anderen Zeitbegriff und eine andere Arbeitsethik arrogant herabzusehen, zeigt sich daran, dass manche Nationen mit diesem „Schlendrian" durchaus passable Erfolge aufweisen.

Umwege führen manchmal schneller zum Ziel als allzu direktes, vielleicht sogar konfrontatives Losstürmen.

Wenn wir uns darüber ärgern, dass etwas nicht so oder nicht so schnell läuft, wie wir es uns vorgestellt hatten, dann zeigen wir vielfach diese Ungeduld. Wir üben offene Kritik am vermeintlich schleppenden Fortgang einer Sache, werden „kribbelig" und klopfen nervös mit den Fingern auf die Tischplatte. Das macht uns im Ausland oft ziemlich unbeliebt, da wir mit einem solchen Verhalten zum Beispiel im asiatischen Raum „unser Gesicht verlieren". Wer sich dort öffentlich ärgert, wird als unbeherrscht und letztlich schwach eingestuft.

Gelassenheit ist in den meisten Kulturen eine hoch geschätzte Tugend. Sie beweist eine ausgeglichene Persönlichkeit, charakterliche Stärke, innere Ruhe und Größe sowie ein ausbalanciertes Gefühlsmanagement.

Gelassenheit ist in den meisten Kulturen eine hoch geschätzte Tugend

In vielen, besonders in nicht „westlich" geprägten Ländern, werden Sie auf eine von der unseren völlig verschiedene Zeitvorstellung und Arbeitshaltung treffen. So werden zum Beispiel Verhandlungen häufig durch größere Pausen oder gemeinsame Restaurantbesuche unterbrochen. Geschäftsprozesse laufen häufig langsamer ab, da neben dem unterschiedlichen Zeitempfinden oft auch unterschiedliche Entscheidungswege zu beachten sind.

Pünktlichkeit als Kardinaltugend

In diesem Zusammenhang ist auch die Kardinaltugend der Deutschen, die Pünktlichkeit, zu nennen. In Mitteleuropa, den USA und Australien (aber hier wird es schon etwas lockerer gesehen) gilt der Grundsatz, dass man bei Verabredungen auf die Minute pünktlich zu sein habe. Aber schon in Spanien oder noch stärker in Südamerika ist es geradezu unhöflich, wenn Sie exakt zum verabredeten Zeitpunkt erscheinen. Sie würden mit großer Wahrscheinlichkeit auf einen noch völlig unvorbereiteten und erstaunten Gastgeber treffen. In diesem Fall würde deutsche Pünktlichkeit also äußerst lästig empfunden. Aus diesem konkreten Beispiel ließe sich schließen, dass deutsche Pünktlichkeit im Ausland insgesamt eine schlechte Reputation hätte.

Interessanterweise ergibt sich aber bei Umfragen im Ausland ein ganz anderes Bild. Fragt man dort nach positiven Eigenschaften der Deutschen, so werden stets Pünktlichkeit und Zuverlässigkeit genannt. Man schätzt im Ausland sehr, dass in Deutschland „alles so gut funktioniert". Und als besonders bewundernswerte Tugend gilt immer die „deutsche Pünktlichkeit". Das bedeutet nun aber keineswegs, dass man diese auch importieren möchte. Deutsche Pünktlichkeit im Ausland wird als äußerst unangenehm empfunden.

Sehr verwunderlich ist eine solche scheinbar widersprüchliche Haltung aber nicht, denn auch wir rühmen beispielsweise die Lässigkeit der Südländer, ihren Lebensstil, das Dolce Vita, Savoir-vivre und wie die Etiketten auch immer heißen mögen. Werden wir aber mit Unpünktlichkeit und Unzuverlässigkeit konfrontiert und müssen am eigenen Leibe schmerzlich erfahren, wenn die Dinge eben aufgrund dieser Lässigkeit nicht vorangehen, dann finden wir das Savoir-vivre nur noch nervtötend.

Deutscher Perfektionismus

Als weiteres Positivum der Deutschen im Ausland gilt ihr Perfektionismus. Dieser wird aber nur geschätzt, insofern er tatsächlich Prozesse fördert, Dinge funktionieren lässt und für Rechtssicherheit und Rechtsstaatlichkeit sorgt. Sehr negativ dagegen wird bewertet, wenn wir Deutschen mit dem Perfektionismus allzu übereifrig sind. Hier wird dann insbesondere die überbordende Bürokratie, der bis ins Groteske übersteigerte Regelungswahn und eine ängstliche „Vollkasko-Mentalität" genannt. So spottet man über die Deutschen als Weltmeister im Abschluss von Versicherungen oder als engstirnige Reformverweigerer.

Deutsche Streitkultur ist eindeutig negativ belegt

Eindeutig negativ belegt ist des Deutschen Drang, immer sehr direkt das zu sagen, was er gerade denkt und darauf auch noch stolz zu sein. Frontalkritik ist fast in der ganzen Welt unüblich und unbeliebt, außer eben in Deutschland. Wir pflegen eine Streitkultur, die Querelen möglichst kontrovers und konfrontativ austrägt. Kritik äußern wir sofort, direkt und scheuen auch vor persönlichen Angriffen nicht zurück. Ein solcher Diskussionsstil wäre für einen Asiaten, einen Südamerikaner, Araber, aber auch schon für viele europäische Nachbarn völlig undenkbar. Wenn einem ausländischen Gesprächspartner eine Sache oder Aussage völlig gegen den Strich geht und er diese aus tiefstem Herzen ablehnt, wird er bestenfalls bemerken: *„Interessanter Gedanke. Wir müssen das zu einem späteren Zeitpunkt unbedingt einmal vertiefen."* Wäre die Königin von England mit einem Parlamentsbeschluss zur Abschaffung der Monarchie konfrontiert, würde sie ihre Abdankung wahrscheinlich mit einem *„We are not amused"* kommentieren.

Auch das in Deutschland so beliebte schroffe „Nein" ist im Rest der Welt so gut wie unbekannt. Ein direktes Nein auszusprechen, gilt in den meisten Ländern als grob unhöflich. Es gibt dort eine breite Palette an Varianten und zarten Abstufungen, um Ablehnungen „aufzuweichen".

In den meisten anderen Kulturen geht es um Bewahrung der Harmonie

Die deutsche Bereitschaft zu Konflikt und Konfrontation ist in den meisten anderen Kulturen verpönt. Dort geht es um die Bewahrung von Harmonie. Die direkte Konfrontation mit anderen Personen gilt in gruppenorientierten Kulturen als unhöflich und unerwünscht. Sie werden dort kaum das Wort „nein" hören, denn „nein" bedeutet schon eine unerwünschte Konfrontation. Stattdessen wird man ein höfliches *„Das klingt überzeugend", „Vielleicht haben Sie Recht"* oder *„Wir werden gerne darüber nachdenken"* formulieren. Auf der anderen Seite bedeutet das Wörtchen „ja" nicht immer gleich eine Zustimmung. In Japan zum Beispiel kann ein Ja auch bedeuten: „Ja, ich habe verstanden".

Individualismus versus Gruppenorientierung

In unserer individualistisch geprägten Kultur gilt es dagegen als Tugend, direkt und konfrontativ die eigene Meinung zu äußern. Wer dies tut, gilt als starker Charakter, der aufrichtig und ehrlich zu seiner Überzeugung steht. In deutschen Familien gilt es als Erziehungsideal, den Kindern beizubringen, immer offen und ehrlich bei der Wahrheit zu bleiben, auch wenn diese schmerzvoll sein sollte. Die Bewältigung von Konflikten gehört zum Alltag einer deutschen Familie. Wenn ein Kind dagegen stets nur die Meinung anderer Kinder übernimmt, gilt es als meinungs- und charakterlos.

In gruppenorientierten Kulturen lernen die Kinder dagegen, sich stets an den Meinungen der Gemeinschaft zu orientieren. Persönliche Meinungen sind unbekannt. An ihre Stelle treten Gruppenüberzeugungen. Sollte sich etwa bei neuen Themen noch keine Gruppenmeinung gebildet haben, wird so etwas wie ein Familienrat gebildet, um eine passende Meinung zu entwickeln.

2.3 „Westen" versus „Osten"

Vergleicht man nationale und kulturelle Unterschiede, ist die Unterscheidung in westliche und östliche Kulturen grundlegend. Wenn wir von einem Ost/West-Gegensatz sprechen, muss aber zunächst definiert werden, was eigentlich mit diesen beiden Begriffen, die ja zunächst nur Himmelsrichtungen beschreiben, eigentlich gemeint ist. Mit „Westen" meint man zunächst Europa, Nordamerika, Australien und alle damit irgendwie verwandten Kulturen, z.B. Südafrika.

Bei dem Begriff „Osten" wird die Sache schon allein wegen der Fülle der Religionen der dazugehörigen Länder etwas schwieriger. Während der Westen mehr oder weniger christlich geprägt ist, subsumiert der Begriff Osten zahlreiche religiöse Richtungen, die teilweise sehr unterschiedlich sind. Dennoch gibt es gemeinsame Merkmale, auf die sich die folgende Gegenüberstellung stützt.

2.3.1 „Abendländische Grundwerte"

Der Humanismus

Der griechische Humanismus gilt als Wiege der abendländischen Kultur

„Typisch deutsch" ist vor allem die Orientierung an dem, was man „den Westen" nennt. Damit sind im Wesentlichen die „abendländischen Grundwerte" gemeint, die sich durch den griechischen Humanismus gebildet haben, der als Wiege der abendländischen Kultur gilt. Der griechische Humanismus wurde von Philosophen wie Sokrates und dessen Schüler Platon begründet und stellt ein moralisch-ethisches Ideal dar, das als Maßstab für ein „sittliches Leben“ steht. Das bei uns heute häufig verwendete Wort „humanitär“, also „menschlich“ im Sinne von wohltätig, hat hier seinen Ursprung.

Humanismus versus Naturrecht

Der Humanismus war ein Gegenmodell zu dem, was man Naturrecht nennen könnte. Dieses war das Recht des Stärkeren und diente als Legitimation, sich völlig ohne Gewissensbisse seinen Vorteil zu nehmen oder einen Konkurrenten zu töten. Solche rohen Sitten fanden die griechischen Philosophen doch eher undelikat, deswegen begründeten sie eine Ethik, die auch die Rechte der Schwächeren beachtete und die Grundlage für ein funktionierendes, mehr oder minder friedvolles Zusammenleben bildete. Sie fordert ein gegenseitiges Respektieren und die Zurücknahme des eigenen Wollens zugunsten der Gemeinschaft. Berühmt ist in diesem Zusammenhang der Satz des Sokrates: *„Unrecht leiden ist besser als Unrecht tun“*, der uns bis heute Kopfzerbrechen macht. Dabei ist er uns doch durch die christliche Überlieferung bestens vertraut. *„Schlägst du mir auf die linke Wange, so halte ich dir auch noch meine rechte hin“*, sagt Jesus und fordert damit nichts anderes als die Anwendung der humanistischen Ethik. Damit beendet er auch die sich auf das Naturrecht gründende Ethik des Alten Testaments, das einem vorhumanistischen Rachegedanken frönte. Dort galt es noch, Gleiches mit Gleichem zu vergelten, also geschehenes Unrecht durch neues Unrecht zu bekämpfen: *„Auge um Auge, Zahn um Zahn“*.

Recht, Gesetz und Religion

Als weitere grundlegende zu den „abendländischen Grundwerten“ gehörende Elemente sind das römische Recht, germanische Vorstellungen von gesellschaftlichem Zusammenleben und natürlich das Christentum zu nennen.

Wenn man diese Ideale beispielsweise mit asiatischen Vorstellungen vergleicht, so kann man einige wesentliche Merkmale herausarbeiten, die typisch abendländisch sind. Dazu zählen insbesondere Werte wie: Individualität, Diesseitsorientierung, Rationalität, Gesellschaftsvertragsgesinnung, Gesetzesorientierung und Leistungsethik.

2.3.2 „Östliche Weisheit"

Individualismus versus Gruppenorientierung

Die im Vorigen genannten Vorstellungen sind keineswegs „selbstverständlich" oder „naturgegeben". Dies zeigt sich insbesondere an dem Befremden der Asiaten, wenn sie mit dem westlichen Individualismus konfrontiert werden. Mit Individualismus ist hier eine Ich-Orientierung gemeint, die nicht die Gesellschaft (wie in Asien) in den Vordergrund stellt, sondern individuelle Einzelinteressen (die dann später aber durch „abstrakte" Gesetzgebungen gezähmt werden). In Asien dagegen zählt nicht das Ich, sondern das Wir, man spricht hier von einer Gruppenorientierung. Der westliche Individualismus geht letztlich auf die christliche Prämisse der Gotteskindschaft und der freien Gewissensentscheidung zurück. Hier wird der Mensch nicht als Spielball von Schicksalsmächten gesehen, sondern er kann seine Geschicke selbst in die Hand nehmen und sein Schicksal individuell gestalten. Oskar Weggel beschreibt in seinem Buch „Die Asiaten" dieses Phänomen sehr anschaulich: *„Nirgends tritt der west-östliche Unterschied deutlicher zutage als bei der Frage, ob die Einzelperson ein autonomes oder aber ein heteronomes Wesen sei. Seit der Renaissance bestimmt sich das abendländische Menschenbild durch die Stichworte: Träger selbstverantwortlicher Würde, freie Entfaltung des Individuums, Schuldgefühl bei Aufgabenverfehlung, Rechtsethos und Vertragsdenken, Ich-Bewusstsein, Mut zum Konflikt, Gefahr der Isolierung – in jedem Fall aber: Streben nach Unabhängigkeit. Die asiatischen Korrelate zu diesen neuen Begriffen wären: Gemeinschaftswesen, Gemeinschaftsfühligkeit, Schamgefühl, Pflichtethos und Korporativität, Wir-Bewusstsein, Streben nach Harmonie, gegenseitige Abstimmung und Streben nach Abhängigkeit".*

Wie verschieden die westliche von der östlichen Kultur ist, zeigt die Gegenüberstellung bestimmter Charaktermerkmale, die von Kulturanthropologen herausgearbeitet wurden:

UNTERSCHIEDE WESTLICHER UND ÖSTLICHER KULTUREN

WESTEN	**OSTEN**
materialistisch	geistig
extravertiert	introvertiert

analytisch	synthetisch
objektiv	subjektiv
intellektuell	emotional
abstraktes Denken	konkretes Denken
logisch	experimentell
wissenschaftlich	phantasievoll, künstlerisch
Betonung von Effektivität	Betonung von Familienzusammengehörigkeit
Einforderung von Rechten und Pflichten, Verantwortlichkeiten	Orientierung an Liebe, Freundlichkeit, Sympathie, Gastfreundschaft, Höflichkeit
Selbstverwirklichung	Selbstkontrolle
individuelle Orientierung	Gruppenorientierung
ernsthaft, effizient	(nach-)lässiger, spaßorientiert
wettbewerbsorientiert	harmonieorientiert
aktiv energetisch	ruhig, zurückhaltend

2.3.3 Islam

Einen wesentlichen Anteil an dem, was wir „östliche Kultur“ nennen, hat die weit verbreitete Religion des Islam. Dieser hat auf das tägliche Leben seiner Gläubigen eine deutlich stärkere Auswirkung als es bei westlichen Religionen der Fall ist.

starke Auswirkung auf das tägliche Leben seiner Gläubigen

Zum Verständnis islamischer Kulturen wollen wir zwei zentrale Themen heraus greifen.

- Die „Segenskraft“ (Baraka)
- Das Verhältnis der Geschlechter zueinander

Die Beachtung dieser beiden Bereiche ist auch für Nicht-Muslime sehr wichtig, da eine Missachtung nicht selten negative Folgen hat, die von gesellschaftlicher Missbilligung bis hin zu strafrechtlicher Verfolgung reichen.

2.3.3.1 Segenskraft (arab. Baraka)

Für das Verständnis muslimischer Tradition ist ein zentraler Begriff von besonderer Bedeutung: die „Segenskraft“ (arab. Baraka).

Im Islam geht man von der Existenz von Geistern und Dämonen („djinn“) aus. Diese Wesen vermögen dem Menschen zu helfen, sie können ihm aber auch Schaden zufügen. Von ihnen geht auch der im gesamten Orient gefürchtete „böse Blick“ aus, der Krankheit bis hin zum Tod bringen kann. Es gibt jedoch Mittel dagegen. Das Wichtigste ist dabei die Baraka. Baraka ist die Kraft, die Unheil abwenden kann.

„Baraka“ als die Unheil abwendende Kraft

Baraka geht nach islamischer Auffassung von Allah aus, sie kann aber auch auf ausgewählte Menschen oder Gegenstände übertragen werden. Wer sie einmal besitzt, kann sie auch weiter vererben. Dies gilt natürlich insbesondere für die Nachkommen des Propheten Mohammed, der über ein Höchstmaß an Baraka verfügte.

Auch Koranexemplare oder islamische Rosenkränze besitzen Baraka wie überhaupt alle religiösen Gegenstände oder Einrichtungen. Dazu gehören besonders die Gebetsnische (arab. mihrab) und die Kanzel für die Freitagspredigt (arab. minbar). Alles was von Menschen mit Baraka berührt wurde, besitzt Segenskraft. Im Fastenmonat Ramadan gibt es die „Nacht der Macht“, die voller Baraka ist. Man feiert in dieser Nacht die nach der Überlieferung erfolgte Übergabe des Korans an die Menschen.

Mekka und die Kaaba

Der Ort mit der höchsten Baraka ist Mekka und hier insbesondere die Kaaba mit ihrem Schwarzen Stein. Die Mekka-Pilger sind bemüht, bei der Umschreitung der Kaaba den in der Ostecke eingelassenen Schwarzen Stein oder die nordöstliche Wand zu berühren. Die Kaaba selbst ist mit einem schwarzen Tuch bedeckt, das einmal im Jahr durch ein neues ersetzt wird. Von diesem geht auch Baraka aus. Daher wird es zerschnitten und an die Pilger verkauft. Auch das Wasser aus dem Brunnen Zemzem im Vorhof der Kaaba enthält Segenskraft. Wer es trinkt, hofft auf die Linderung von Leiden und die Heilung von Krankheiten.

Baraka bei Gräbern

Baraka kann auch nach dem Tod weitergegeben werden. Zunächst geht sie von ihrem Träger auf dessen Grab und die umgebenden Steine, Bäume oder den Staub über. Daher werden entsprechende Gräber bevorzugt von Menschen aufgesucht, um dort Segenskraft zu erhalten oder Heilung bei Krankheit zu erfahren. Sie umschreiten die Grabstätte, halten sich dort längere Zeit auf oder übernachten sogar in der Hoffnung, im Traum einem Heiligen zu begegnen.

2.3.3.2 Verhältnis der Geschlechter

Das Verhältnis der Geschlechter – vor allem in der Öffentlichkeit – ist stark geprägt von der Stellung der Frau in der islamischen Gesellschaft. Hier sind folgende Kriterien anzuführen.

- Die Frage der Gleichberechtigung

In den Publikationen, die zu diesem Thema von islamischer Seite in Deutschland erscheinen, wird immer wieder betont, dass Frauen und Männer vor Allah gleich seien: *„Mann und Frau sind vor Gott einander ebenbürtig und gleichwertig“* (Islamische Studentengemeinde).

Allerdings gibt es im praktischen Leben einen feinen Unterschied. So heißt es im Koran: *„Und wie die Frauen Pflichten haben, so haben sie auch Rechte; doch haben die Männer einen gewissen Vorrang vor ihnen“* (2/229). Auch das INID-Institut (Institut für Information über Islam und Dialog e. V.) äußert sich ähnlich: *„Von Natur aus herrscht zwischen den beiden Geschlechtern keine vollkommene Gleichheit, sondern Aufgabenteilung.“*

Die Gleichheit der Geschlechter vor Gott schließt nämlich nicht aus, dass sie im Alltag verschiedene Rechte haben und auch verschiedene Pflichten wahrnehmen. Begründet wird diese unterschiedliche Stellung von Mann und Frau mit deren biologischer Natur, die für sie verschiedene Lebenshaltungen und Aufgaben vorsieht. Ziel der Alltagspraxis ist es, den Geschlechtern ihrer jeweiligen Natur entsprechend Gerechtigkeit widerfahren zu lassen. Vor dem Hintergrund dieser Auffassung regelt sich die Beziehung der Geschlechter untereinander und die Stellung von Mann und Frau in der Gesellschaft.

„Gleichberechtigung“ wird in islamischen anders als in westlichen Kulturen verstanden

Das Wort „Gleichberechtigung“ wird also in islamischen anders als in westlichen Kulturen verstanden. Im Westen geht man von einem Emanzipations- und Gleichheitsbegriff aus, der vollkommene Gleichheit gerade ohne die Einschränkung durch tatsächliche oder zugeschriebene biologische Unterschiede zumindest anstrebt.

Die Islamwissenschaftlerin Christine Schirrmacher fasst die traditionelle muslimische Auffassung zusammen: *„Gott hat die Männer über die Frauen gestellt (manche Kommentatoren legen aus: ‚Der Mann ist besser als die Frau‘ und be-*

scheinigen ihm als ‚wissenschaftliche Erkenntnis' mehr Intelligenz, Rationalität, Einsicht und Unbestechlichkeit), und zwar zum ersten an sich (Gott hat die Männer ‚ausgezeichnet'), zum zweiten aber auch, weil die Männer ‚Ausgaben' für die Frauen haben, also sie materiell versorgen (4/34). Daraus wird auch die gottgewollte Trennung der Aufgabenbereiche in den Bereich ‚Haus und Familie' und ‚Erwerbsarbeit' abgeleitet (vgl. die an Muhammads Ehefrauen gerichtete Anweisung in Sure 33/33: ‚Und bleibt in eurem Haus.')" (Quelle: www.hss.de/downloads/vortrag_frauenforum_2003-05-12_schirrmacher. pdf)

Der Mann ist in Bezug auf seine Ehefrau weisungsbefugt. *„Und wenn ihr befürchtet, dass eure Ehefrauen widerspenstig sind, dann ermahnt sie, meidet sie im Ehebett und schlagt sie."* (4/34)

- VERHALTEN VON FRAUEN GEGENÜBER MÄNNERN

strenge Geschlechtertrennung

Der Koran äußert sich auch explizit zum Verhältnis der Geschlechter im privaten und öffentlichen Raum. Er empfiehlt aus moralischen Gründen strenge Geschlechtertrennung. Ist eine Begegnung unvermeidbar, so hat die Frau die „Blicke niederzuschlagen" (24/31). Ansonsten gibt es überwiegend getrennte Lebensbereiche: Haus, Arbeitsbereich, Straße, Cafe, Moschee. Die Frau ist für die Wahrung der Ehre zuständig, sie erhält durch ihr Verhalten nicht nur ihre eigene Ehre, sondern auch die ihrer Familie aufrecht.

Sollte sie diese Ehre einmal verletzen, ist sie selbst hilflos. Ehre kann nur wiederhergestellt werden durch Väter, Brüder oder Söhne. Dies kann bis zur brutalsten Gewaltanwendung führen. *„Ehre hat einen höheren Stellenwert als Leben im nahöstlichen Kontext."* (Christine Schirrmacher)

Wenn die männlichen Mitglieder der Familie bei Ehrverlust keine Stärke und Kontrolle demonstrieren und den Verstoß nicht hart ahnden, droht ihnen nun ihrerseits der Verlust ihrer Ehre, ohne die sie als „Schwächlinge" gering geachtet werden."

- KLEIDUNGSVORSCHRIFTEN

Der Koran schreibt der Frau die „Verhüllung ihrer Reize" vor (24/31). Der SUNNA (Gesamtheit der Überlieferungen und Verhaltensnormen, die auf Mohammed zuückgeführt werden) zufolge müssen Frauen ihren ganzen Körper mit Ausnahme von Händen und Gesicht, die Männer mindestens den Teil zwischen Bauchnabel und Knie bedecken.

Konsequenzen für ausländische Besucher

Für den ausländischen Besucher hat die Geschlechtertrennung die Konsequenz, dass er den Kontakt mit islamischen Frauen auf das Allernotwendigste beschränken muss. Zu vermeiden ist auf jeden Fall Blickkontakt und noch wichtiger: jede Art von Körperkontakt, auch wenn dieser noch so flüchtig wäre, wie etwa beim Händeschütteln, welches streng verpönt ist. Keinesfalls darf man einer Frau Komplimente oder gar Geschenke machen, auch Fragen nach dem „werten Befinden der geschätzten Gattin“ gelten als grob indiskret. Dies erstreckt sich übrigens auf die gesamte Familie einschließlich der Kinder.

den Kontakt mit islamischen Frauen auf das Allernotwendigste beschränken

Teil B Interkultureller Austausch

1 Reisen bildet – Wirklich? Probleme im interkulturellen Austausch

„Die Welt als Dorf" oder moderner ausgedrückt, „global village" sind Schlagworte, die uns im Kontext internationaler Begegnungen ständig begleiten. Die Welt wächst zusammen, moderne Transportmittel lassen die Distanzen schrumpfen.

Interkultureller Austausch ist etwas Alltägliches und wird auch noch weiter zunehmen. Da könnte man auf die Idee kommen, dass sich die Menschen der verschiedenen Nationen bei zunehmender Nähe auch „näher" kommen. Auf diese Weise könnte der Ethnozentrismus (*„Meine Kultur ist die beste auf der Welt und allen anderen überlegen"*) eingedämmt und ein gegenseitiges Verständnis der unterschiedlichen Kulturen gefördert werden.

Trotz Globalisiserung scheint das Verständnis fremder Kulturen nicht zugenommen zu haben

Interessanterweise kann man – zumindest in Rücksicht auf den Tourismus, der den weitaus größten Teil interkultureller Begegnungen ausmacht – jedoch beobachten, dass das Verständnis fremder Kulturen keineswegs zugenommen hat.

Dieses eigentlich paradox erscheinende Phänomen rührt daher, dass kulturelles Verständnis in den meisten Fällen schon an mangelnden Sprachkenntnissen scheitert. Nur die allerwenigsten Touristen beherrschen die Sprache ihres Gastlandes. Nicht ganz „unschuldig" sind daran selbstverständlich auch die Gastländer in ihrem oft zu beobachtenden Bemühen, dem Touristen nach Möglichkeit exakt dieselben Verhältnisse wie in seinem Heimatland zu schaffen. Wer als Ausländer einmal auf Mallorca versucht hat, mit einem einheimischen Kellner Spanisch zu sprechen, gibt spätestens dann auf, wenn er von diesem die Frage gestellt bekommt: *„Wollen Se die Fritten rot-weiß?"*

Doch wer würfe da den ersten Stein? Ertappen wir uns nicht alle, jedenfalls zeitweilig, bei dem Gedanken, dass das höchste Glück unserer japanischen Besucher hier in Deutschland darin bestünde, von ihrem in einen Kimono gewandeten Gastgeber bei japanischer Tischmusik Sushi serviert zu bekommen?

Wirklicher Kontakt mit Einheimischen in unverfälschter Authentizität findet nur selten statt

Des Weiteren wird interkulturelles Verständnis durch die Auswahl der Orte und Sehenswürdigkeiten erschwert, auf die sich die Touristen in der Regel beschränken. Wirklicher Kontakt mit Einheimischen und deren Sitten und Gebräuchen in unverfälschter Authentizität findet nur selten statt. An deren Stelle treten Jeepsafaris, Tropfsteinhöhlen und bestenfalls ausgewählte Bauwerke, die man „einfach gesehen haben muss". Ein bitterböser deutscher Kabarettist sagte einmal dazu: *„Einmal um die ganz Welt gereist, alles gesehen, nichts gelernt, aber ordentlich Farbe bekommen"*.

Wenn es dennoch zu neuen Einsichten und Eindrücken kommt, werden diese oft gemäß mitgebrachter Denkklischees zunächst selektiv wahrgenommen und dann nach in der Heimat erworbenen Stereotypen interpretiert. Zur Erweiterung des eigenen Horizonts führen solchermaßen gewonnene Erkenntnisse natürlich nicht. Eher besteht die Gefahr, dass Vorurteile gefestigt werden.

Geschäftskontakte bieten eine weitaus bessere Möglichkeit, tiefer in die Kultur eines fremden Landes einzutauchen

Geschäftliche Kontakte bieten eine weitaus bessere Möglichkeit, tiefer in die Kultur eines fremden Landes einzutauchen. Dies aber nur dann, wenn die entsprechenden Besuche nicht nur Stippvisiten sind, die unter Umständen nur einen Tag oder gar wenige Stunden nicht überschreiten. Ein Manager eines großen deutschen Konzerns, der eine starke Filialexpansion im Ausland betreibt und deshalb mindestens einmal pro Woche in den USA, Asien oder Südostasien unterwegs ist, sagt dazu: *„Ob in Bombay oder Shanghai, ich sitze meistens in klimatisierten Konferenzräumen und ebensolchen Hotelzimmern und gehe fast ausschließlich bei Mac Donalds essen. Jede andere Art von Nahrungsaufnahme wäre für mich viel zu riskant."*

Im folgenden Kapitel wollen wir uns mit Problemen im interkulturellen Austausch und deren Überwindung befassen. Welche Schwierigkeiten in der kulturellen Interaktion bestehen, wird klar, wenn man folgende Phänomene analysiert:

- Ethnozentrismus
- unreflektierte „Selbstverständlichkeiten".

1.1 Ethnozentrismus

Das größte Hindernis wirklicher interkultureller Verständigung ist der so genannte „Ethnozentrismus". Von den meis-

die eigene Kultur als der Mittelpunkt der Welt

ten Menschen wird die eigene Kultur als der Mittelpunkt der Welt begriffen. Damit einher geht oft ein erhebliches Überlegenheitsgefühl anderen Kulturen gegenüber, das bis zu Vernichtungstendenzen „unwerten Lebens" führen kann. Vielen Gemetzeln der Weltgeschichte lag die Einstellung zugrunde, der zu vernichtende Feind sei, jedenfalls gemessen an den eigenen Kulturmaximen, im eigentlichen Sinne gar nicht als „Mensch" anzusehen. Diese ethische Herabstufung ließ den Gegner dann aus dem eigenen moralischen Kodexsystem herausfallen und erleichterte seine skrupellose Vernichtung.

Ethnozentrismus ist in allen Epochen anzutreffen. Wahrscheinlich rümpfte schon der Chromagnon-Mensch über die „ungewaschenen" Neandertaler die Nase. Für die alten Griechen waren alle Nichtgriechen seelen- und geistlose „Barbaren". Die Assyrer verleumdeten ihre kulturell anders orientierten Gegner als *„Vagabunden, denen weder Eide noch Verträge heilig sind"*. Die alten Chinesen schrieben über die Hunnen, diese seien als *„Tiere anzusehen"*. In eine ähnliche Richtung gingen die Römer, wenn sie die Germanen als Männer bezeichneten, *„die mit dem Menschen nur die Stimme und die Gliedmaßen gemeinsam haben"*.

Besonders deutlich trat der Ethnozentrismus in der Kolonialzeit in Erscheinung. Die Einheimischen wurden von den Kolonialherren als minderwertig, als Wilde und Primitive gesehen, mit denen man jenseits aller Moralsysteme nach Belieben verfahren konnte. Man bewertete sie als sozial, kulturell und rassisch minderwertig und machte die eigene Lebensweise zum Maß aller Dinge. Wer davon abweichende religiöse Vorstellungen, Arbeitsauffassungen oder Sexualpraktiken hatte, war eben „heidnisch", „unmoralisch" oder „faul".

Leider müssen wir uns in puncto Ethnozentrismus auch an die eigene Nase fassen. Seit Beginn der Neuzeit (15. Jahrhundert) trifft der Vorwurf des Ethnozentrismus auch für uns Europäer und die Nordamerikaner zu. Wir sind der felsenfesten Überzeugung, dass wir die einzig richtige, wirkliche Kultur besitzen und dass an unserem Geist die ganze Welt genesen könnte.

1.2 „Selbstverständlichkeiten"

die Phänomene seiner Welt als „selbstverständlich" ansehen

Die meisten Menschen neigen dazu, die Phänomene ihrer Welt als „selbstverständlich" anzusehen. Viele geäußerte

Überzeugungen beginnen mit Einleitungen wie: *„Das weiß doch jeder, ... dass man eine Sache, die man begonnen hat, auch zu Ende bringen muss, ... dass man immer offen und ehrlich sein muss “* usw.

Die eigenen Sichtweisen, Wertorientierungen, Normen und Überzeugungen werden gerne als „naturgegeben“ oder „gottgewollt“ angesehen. Dass andere Völker und Kulturen dazu vielleicht andere Formen entwickelt haben, die der eigenen Kultur keineswegs unterlegen sind, gerät dabei leicht aus dem Blickwinkel. Dabei handelt es sich nicht selten um eine Schutzfunktion, die den Menschen davor bewahrt, festgefügte Ansichten und Urteile ständig in Frage stellen zu müssen. Den Wenigsten ist dabei bewusst, dass unsere Erlebensweisen und Verhaltensmuster durch unsere spezifische Kultur bestimmt sind, keineswegs die einzig mögliche Daseinsform darstellen und schon gar nicht „selbstverständlich“ sind.

Eigene Wertorientierungen werden als „naturgegeben“ oder „gottgewollt“ angesehen

Ethnozentrismus und auch die unreflektierte Annahme von „Selbstverständlichkeiten“ stehen einem fruchtbaren kulturellen Austausch entgegen.

Dagegen schützen kann nur die Kenntnis und Akzeptanz der Eigenheiten anderer Kulturen. Wir müssen die eigene Position in Frage stellen und relativieren und darüber hinaus Verständnis für die Existenz von Unterschieden, aber auch Gemeinsamkeiten der Kulturen entwickeln.

Zur Förderung dieses Verständnisses wollen wir uns im folgenden Kapitel dem widmen, was uns mit anderen verbindet und was uns von anderen unterscheidet.

2 Kulturelle Gemeinsamkeiten und Unterschiede

Was bedeutet eigentlich Kultur?

Bei dem Wort Kultur denken die meisten sofort an die Sixtinische Kapelle, Pablo Picasso und die Festspiele von Verona. Das ist zunächst auch richtig, denn hierbei handelt es sich um Bereiche eines Kulturbegriffs, wie er im Sprachgebrauch des 18. Jahrhunderts entsteht, und „wertvolle“ Produkte von Kunst und Kultur beschreibt. Dieser Kulturbegriff ist jedoch sehr eindimensional auf „Hochkultur“ beschränkt.

„Kultur“ umfasst mehr als „Hochkultur“

Gesamtheit aller Gestaltungsformen menschlicher Lebenswelt

Kultur kommt vom lateinischen „colere“ und bedeutet so viel wie „bebauen“, „bestellen“ oder „pflegen“. Er meint also im ursprünglichen Sinne die Gesamtheit aller Gestaltungsformen menschlicher Lebenswelt. Diese „Alltagskultur“ steht im Gegensatz zu „Natur“, die vorgegeben ist. Alles andere, alle Sitten und Gebräuche, Riten, die Art und Weise, wie alltägliche Lebensprozesse gestaltet sind, fallen demgegenüber dann unter den Begriff „Kultur“. Dann wird Kultur verstanden als ein System von Lebensentwürfen, Überzeugungen, Wertorientierungen und Einstellungen von Menschen und Nationen.

Als Merkmale eines erweiterten Kulturbegriffs ließen sich unter anderem zusammenfassen:

MERKMALE EINES ERWEITERTEN KULTURBEGRIFFS

- Allgemeiner zwischenmenschlicher Umgang: Art der Beziehungen zwischen Erwachsenen, Erwachsenen und Kindern, zwischen Kindern; zwischen Fremden und Freunden, zwischen den Geschlechtern, zwischen Kollegen, zwischen Vorgeordneten und Nachgeordneten etc.
- Kommunikationsformen: Geschichte der Sprache, Anrede, Begrüßung- und Verabschiedung, Einladungen, Konfliktbewältigung, Gesprächsverläufe, Tabuthemen, Redensarten und deren Interpretation etc.
- Öffentliches Leben: Arbeitsgewohnheiten, Einstellung zur Zeit (Pünktlichkeit), Umgang mit Behörden, öffentliche Verkehrsmittel, Tagesablauf, Umgang mit „öffentlichen“ Personen, Essgewohnheiten, Kleidung, Erziehungssystem, Feste etc.
- Privates Leben: Leben in der Familie, Verwandtschaftsbeziehungen, Freizeitgestaltung etc.
- Art der Religionsausübung
- Einstellung zu Geburt, Sexualität und Tod
- Beziehung zu Natur und Technik
- Literatur, Musik, Kunst
- Geschichte, politisches System, nationale Symbole etc.
- Wirtschaftssystem
- etc.

Wenn man den Begriff der Kultur über die Hochkultur zur Alltagskultur erweitert, ist die nächste Konsequenz zu fragen, wie sich die Kulturen voneinander unterscheiden und wo sie eventuell Grundlagen haben, die bei allen Völkern und Individuen gleich sind.

2.1 Gemeinsamkeiten: Universalien

Merkmale und Eigenschaften, die nationenübergreifend allen Menschen mehr oder weniger zu Eigen sind

In Bezug auf die Gemeinsamkeiten wird man auf die so genannten „kulturellen Universalien" treffen. Dies beschreibt Merkmale, Eigenschaften, Fähigkeiten und Verhaltensweisen, die nationenübergreifend und allen Menschen mehr oder weniger zu Eigen sind.

Sicherlich gehören zu diesen Universalien auch biologische Determinanten sowie individuelle und soziale Grundbedürfnisse, denen Menschen aller Kulturen und Zeiten unterworfen sind. Dies wollen wir aber außer Acht lassen und uns auf im weitesten Sinne geistige Phänomene beschränken.

KULTURELLE UNIVERSALIEN

Zu den Gemeinsamkeiten, die in fast allen Völkern das soziale Miteinander regeln, gehören:

- Ehe, Inzesttabus
- Erziehung, Achtung vor den Eltern
- Reinlichkeitserziehung
- Kochen, Nahrungstabus
- Sprache
- Gesten, Begrüßung, Höflichkeit, Gastfreundschaft
- Persönliche Namen
- Körperschmuck, Haarstil
- moralische Werte, Ethik
- Musik und Zeichnen, Selbstbildnisse, dekorative Kunst, Sport, Tanzen, Folklore, Spiele etc.
- Gemeindeorganisation, Zusammenarbeit, Herrschaftsformen
- Kosmologie, Kalender, Zählen
- Verehrung göttlicher Wesen

- Traumdeutung
- Benutzung des Feuers
- Begräbnisriten

2.2 Unterschiede: Kulturelle Strukturmerkmale

Neben den Gemeinsamkeiten gibt es natürlich auch Unterschiede. Diese Unterschiede werden unter den Begriff „Strukturmerkmale" gefasst. Strukturmerkmale bilden das, was man mit aller gebotenen Vorsicht vor der Gefahr einer verkürzten Darstellung „Nationalcharakter" nennen könnte. Die Kategorien für die Unterscheidung dieser Merkmale sind:

- Wahrnehmung
- Zeiterleben
- Raumerleben
- Art und Weise des Denkens
- Referenzrahmen (Kontext) des Denkens
- Aberglaube
- Sprache
- nichtverbale Kommunikation
- Wertorientierungen und Menschenbild
- Verhaltensmuster: Sitten, Normen, Rollen
- Soziale Gruppierungen und Beziehungen
- Farbsymbolik

2.2.1 Wahrnehmung

Für die meisten Menschen handelt es sich bei dem Begriff Wahrnehmung um einen ganz unkomplizierten Sachverhalt: Der Mensch erfasst mit seinen Sinnen die Erscheinungen dieser Welt, so wie sie eben ist. Doch spätestens seit dem Philosophen Immanuel Kant wissen wir, dass es so einfach leider nicht ist. Der Mensch nimmt selektiv wahr, und zwar gemäß seinen erworbenen Denkmustern, Vorerfahrungen und gesellschaftlich geprägten moralisch-ethischen Filtern.

keine gewissermaßen naturgegebene menschliche Wahrnehmung

Außerdem ist Wahrnehmen keineswegs nur ein passives Aufnehmen von auf uns einwirkenden Erscheinungen. Vielmehr handelt es sich bei dem Wahrnehmen auch um einen aktiv gestaltenden Prozess. Schopenhauer nennt dies *„Die Welt als Wille und Vorstellung"*. Wir erleben die Welt nicht, wie sie ist, sondern wie sie unserer Meinung nach sein sollte.

Wahrnehmung ist aktives Gestalten

Begriffe und Sprache schaffen eine eigene Welt

Auch unsere Begriffe bilden nicht nur ab, was wir wahrnehmen, sondern erschaffen eine eigene Welt durch Sprache. So kennen und benennen beispielsweise die Inuit dort, wo sich unser Vokabular auf Pulver-, Papp-, Neu-, Tiefschnee und allenfalls noch Harsch und Firn beschränkt, etwa 20 grundsätzlich verschiedene Arten von Schnee; einfach deshalb, weil die Bewohner von Grönland diesen Ausschnitt der Realität naturgegeben viel differenzierter wahrnehmen als selbst der versierteste westeuropäische Skifahrer.

Krankheiten werden kulturell unterschiedlich interpretiert und beschrieben

Treffend lässt sich dieses Phänomen kulturell unterschiedlicher Wahrnehmung anhand des Auftretens und Verlaufs der typischen „Wehwehchen“, an denen die Völker leiden, erläutern.

Viele Deutsche klagen über „Kreislaufstörungen“. Das ist nun wirklich „typisch deutsch“. Dem Rest der Welt jedenfalls ist diese Krankheit unbekannt. Fühlt ein Franzose sich schlecht, so führt er dies auf „Herzprobleme“ zurück. Er sagt dann wörtlich, er habe ein *„schlechtes Herz“*. Beim Engländer sitzen die Ursachen für Unwohlsein noch tiefer: in der Leber. Wenn ein Engländer z.B. zu früh aufwacht, so liegt dies daran, dass seine Leber *„zu früh arbeitet“*.

Türken beschreiben dasselbe Phänomen mit dem bildhaften Satz: *„Mein Nabel ist gefallen“*. Bei deutschen Ärzten bricht anlässlich einer solchen Selbstdiagnose tiefe Ratlosigkeit aus, insbesondere, wenn dieser Beschreibung eine entsprechende Gestik folgt. Sie wähnen sich dann oft einem Simulanten gegenüber, obwohl hier doch nur sehr poetisch ausgedrückt werden sollte, dass jemand sich aus dem Gleichgewicht geraten fühlt.

Wenn orientalische Völker sich krank fühlen, sind sie der felsenfesten Überzeugung, der *„böse Blick“* habe sie getroffen.

Die Warnehmung von Krankheiten ist stark vom kulturellen Kontext abhängig

Überhaupt ist das, was man gemeinhin als objektive Krankheit erkannt zu glauben hat, stark vom kulturellen Kontext abhängig. So sind zum Beispiel Depressionen, jedenfalls in der uns bekannten Form, in der Türkei völlig unbekannt. Das bedeutet nicht, dass die Türken nicht depressiv wären, sie haben nur nicht das gedankliche und sprachliche Instrumentarium, um diese Diagnose zu stellen und westeuropäische Krankheitsbilder zu entwickeln. Die Krankheit sucht sich dort einen anderen Weg, nämlich den über Schmerzen. Der „orientalische Ganzkörperschmerz“ ist ja schon sprichwörtlich geworden. Deutsche Ärzte sind ziemlich hilflos angesichts der Antwort „überall“, wenn sie einen türkischen Patienten, der über Schmerzen klagt, fragen, wo er denn diese Schmerzen empfinde.

Interessanterweise gibt es bei türkischen Frauen auch Krankheiten, die auch bei uns früher an der Tagesordnung waren, mittlerweile aber ausgestorben sind. Auf Überforderung reagieren viele Türkinnen mit „hysterischen Anfällen“ und zeigen damit alle Symptome des Krankheitsbildes der „Hysterie“. Sie werden dann plötzlich ohnmächtig, sind nicht mehr ansprechbar und verkrampfen sich zu einer extremen Überdehnung des Körpers („arc de cercle“). Diese Krankheit war in Europa, insbesondere in Frankreich und Deutschland, im 19. Jahrhundert sehr „in Mode“. Nahezu jede Frau wurde davon mehr oder weniger häufig heimgesucht. Heute, da in Mitteleuropa niemand mehr diese Krankheit mit ihren Symptomen kennt, kommt auch niemand mehr auf die Idee, sich von ihr befallen zu fühlen. In der Türkei aber hat sie eine ungebrochene Tradition. Türken, die allerdings von klein auf ohne spezifisch türkischen Sozialisationskontext im Ausland aufwachsen, beispielsweise Adoptivkinder, kennen diese Krankheit nicht.

Wenn für russische Frauen psychische Überforderungssituationen eintreten fächeln sie sich Luft zu und öffnen sich den obersten Kragenknopf, da er sie plötzlich unerträglich einengt. Untersuchungen haben ergeben, dass in diesen Fällen die Luftzufuhr durch gewisse Verkrampfungen tatsächlich behindert wird.

Hätten nun die genannten Nationen im Rahmen ihrer spezifischen Wahrnehmung nicht das entsprechende sprachliche Vokabular zur Diagnose ihres Unwohlseins ausgeprägt, sondern vielleicht ein anderes, würden sich aufgrund der sprachlichen Verfügbarkeit der Krankheitsbeschreibungen auch ganz andere Symptome einstellen.

Sehen, Tasten und Riechen sind in den verschiedenen Kulturen höchst unterschiedlich entwickelt

Da wir im Rahmen von Wahrnehmung vor allem auch von Sinneswahrnehmung sprechen, wollen wir zur Verdeutlichung dieser Zusammenhänge exemplarisch drei Sinnesbereiche herausgreifen und zwar das Sehen, den Tastsinn und den Geruchssinn. Diese sind in den verschiedenen Kulturen höchst unterschiedlich entwickelt.

Sehen

Buschmänner sind äußerst geschickt darin, im grünen Dschungel grüne Tiere zu identifizieren. Für das ungeübte Auge eines Europäers wäre dies unmöglich.

Wir können dagegen im Großstadtdschungel Straßen identifizieren und noch nach Jahren beschreiben, obwohl wir sie nur einmal gesehen haben.

Ähnliches wird von den Hirten in Swasiland berichtet, die auch noch nach Jahren bestimmte Merkmale von Kühen erinnern konnten, die sie auf einem Viehmarkt ebenfalls nur einmal gesehen hatten.

Werden uns zu Versuchszwecken Fotos vorgelegt, so können wir uns an Details nur dann erinnern, wenn die Fotos unserem Kulturkreis entstammten. Fotos anderer Kulturkreise werden zum Teil überhaupt nicht bewusst wahrgenommen.

Dieses Phänomen hat zu tun mit den unterschiedlichen Wertigkeiten, die wir den Erscheinungen beimessen.

Ob wir etwas als wichtig „(an)sehen“, entscheidet allein unser kultureller Erfahrungshintergrund.

Besonders deutlich wird dies angesichts der unterschiedlichen Farbwahrnehmungen (siehe Kap. 2.2.9 „Farbsymbolik“). So sind Eskimos in der Lage, über 70 verschiedene Nuancen der Farbe Weiß wahrzunehmen. Von den Bewohnern des afrikanischen Buschs wird in Bezug auf Grün Ähnliches berichtet.

Grau empfinden wir als trübsinnig, die Indianer Nordamerikas beschreiben diese Farbe jedoch als freudig, fruchtbar und erheiternd. Das eine wie das andere hat wohl mit der Farbe von Regenwolken zu tun, die bei uns eher zu Missstimmung Anlass geben, bei den Indianern dagegen ein seltenes und freudiges Ereignis darstellen. Es wäre daher ein Missverständnis, würde man einen grauen Indianerteppich als trist bezeichnen.

Tastsinn

Dem Tastsinn würden wir oberflächlich betrachtet im Kontext kultureller Unterscheidungen sicherlich keine große Bedeutung beimessen. Und dennoch ist der Tastsinn ein ganz entscheidendes Kulturmerkmal, dessen Ausprägung in den verschiedenen Kulturen höchst unterschiedlich entwickelt ist.

Händeschütteln und Körperkontakt

Besonders deutlich wird dies beim Händeschütteln, aber auch bei allem übrigen Körperkontakt. In Südamerika und im arabischen Raum gelten andere Distanzzonen als bei uns. Man kommt sich dort wesentlich näher und berührt sich auch häufiger.

Manche Völker begrüßen sich durch Aneinanderreiben von Nase oder Stirn, durch Schulterklopfen, Umarmungen oder gar Küsse. Bei uns steht Küssen für Intimität, in anderen Kulturen ist Küssen streng verboten.

Viele Irritationen im interkulturellen Austausch entstehen auch dadurch, dass man missversteht, welchen Rang diese oder jene Form des Körperkontakts in der Reihenfolge des Näherkommens zweier Menschen einnimmt. So wird immer wieder gerne auf das Missverständnis hingewiesen, das zwischen amerikanischen Soldaten und deutschen Frauen der Besatzungszonen kurz nach dem 2. Weltkrieg entstand. Die Amerikaner waren von zu Hause gewohnt, dass eine Frau relativ schnell in eine Einladung zum Abendessen mit eventuell anschließendem Kusskontakt einwilligte. Zwischen diesem Gewährenlassen und einer völligen Hingabe lag dann aber bei der Amerikanerin noch ein sehr weiter Weg von etwa 20 Stationen. Deutsche Frauen waren dagegen sehr vorsichtig mit der Einwilligung in gemeinsame Abendessen, wenn sie sich aber darauf einließen, stellte dies schon einen besonderen Gunstbeweis dar, der auf dem Weg der 20 Stationen schon „Station 5“ bedeutete (bei der Amerikanerin Station 2). Auch die Einwilligung in einen Kuss war schon ein weit reichendes Zugeständnis: Station 10 (Amerikanerin Station 5).

Wenn sich also deutsche Frauen zierten, Einladungen zum Essen anzunehmen oder den von den amerikanischen Soldaten für deutsche Verhältnisse viel zu forschen Kusswünschen auswichen, wurden sie von den Amerikanern als spröde eingeschätzt. Frauen, die sich allerdings auf einen Kuss einließen, wunderten sich, dass der am Anfang doch so ungestüme Amerikaner keine weiteren Schritte unternahm.

In Japan spielt der Tastsinn eine ganz besondere Rolle bei der Herstellung von handwerklichen Gegenständen. Ist ein Gegenstand (zum Beispiel eine Vase) nicht nur schön anzusehen, sondern auch angenehm anzufassen, so gilt er als Erzeugnis höchster Handwerkskunst, da der Gegenstand „mit Liebe“ hergestellt wurde. Im gesellschaftlichen Umgang dagegen kommt dem Tastsinn eine höchst untergeordnete Rolle zu, Köperkontakt wird möglichst vermieden. Eine europäische Entsprechung dazu findet sich in England. Dort gilt in der Oberschicht der Kodex, seine Mitmenschen unter keinen Umständen zu berühren.

In Japan wird öffentlicher Körperkontakt weitestgehend vermieden

In Mitteleuropa ist der Körperkontakt zwar kein Tabu, wird aber auf das Notwendige beschränkt. Die deutsche Sitte des ausgiebigen Händeschüttelns erzeugt in anderen Ländern zuweilen Befremden. In Skandinavien und den Benelux-Ländern reicht man sich weitaus seltener die Hände. Ähnliches gilt für die USA, in Südafrika ist Händeschütteln sogar gänzlich verpönt.

In Südamerika dagegen, im vorderen Orient, in Russland und zum Teil auch in Afrika spricht man dagegen von „Kontaktkulturen“. In diesen Kulturkreisen begrüßt man sich mit Küsschen, Umarmung oder intensivem Händeschütteln, wobei unter Umständen sogar beide Hände berührt werden. Zu mehr oder weniger intensiven Körperkontakten kommt es dort aber auch während eines Gesprächs, während dessen man sein Gegenüber an den Armen berührt, auf die Schulter klopft oder bei den Händen nimmt.

„Kontaktkulturen“ im vorderen Orient, in Russland und zum Teil auch in Afrika

Wenn Sie also beispielsweise in den USA mit einem Freund in einem Steakhouse sitzen, wird Sie Ihr Gesprächspartner in der Regel pro Stunde etwa ein- bis zweimal berühren. Besuchen Sie dagegen mit einem Briten ein Londoner Pub, wird Ihr Gegenüber Sie aller Wahrscheinlichkeit nach überhaupt nicht berühren. Unterhalten Sie sich jedoch mit einem Franzosen in einem Pariser Café, wird dieser mit Sicherheit ganz oft in Körperkontakt mit Ihnen treten.

Es gibt aber auch in Kontaktkulturen differenzierte Unterschiede, etwa in Bezug auf die Geschlechterrollen. Im Orient und im arabischen Raum berühren sich öffentlich nur gleichgeschlechtliche Menschen, niemals darf ein Mann und schon gar nicht ein Fremder eine Frau berühren. Gleiches gilt für Indien.

In buddhistischen Ländern sollte man Kinder auf keinen Fall am Kopf berühren. Zum Buddhismus gehört die Vorstellung, dass der Kopf der Ort ist, in dem Geist und Seele wohnen. Da man davon ausgeht, dass Geist und Seele eines Kin-

In buddhistischen Ländern sollte man Kinder auf keinen Fall am Kopf berühren

des noch nicht gefestigt sind, fürchtet man durch eine Berührung Schaden für das Kind. Dies gilt, allerdings abgeschwächt, auch in einigen arabischen Ländern.

GERUCHSSINN

Der Geruchssinn spielt in den unterschiedlichen Ländern sehr verschiedene Rollen. In den USA beispielsweise gilt der Grundsatz, dass Gerüche und insbesondere Körpergerüche neutralisiert werden müssen. Die Amerikaner sind Weltmeister im Verbrauch von Deodorants, Intimsprays und Parfums. Auch in Europa gilt die Wahrnehmung von Körpergeruch als Zumutung.

In Europa gilt die Wahrnehmung von Körpergeruch als Zumutung

Andere Völker erleben dagegen Düfte und Gerüche als Bereicherung ihres sinnlichen Erlebens. Dort ist die Tendenz weniger verbreitet, Gerüche zu unterbinden. Dies gilt insbesondere für Araber und Inder, aber auch Italiener und Franzosen genießen Gerüche, die anderswo vielleicht als unangenehm empfunden werden.

Die Frage des Geruchsempfindens spielt auch in den Bereich des Raumerlebens hinein. Kontaktkulturen erleben zwangsläufig die Körpergerüche ihrer Gesprächspartner intensiver. Dies setzt natürlich eine entsprechende wohlwollende Toleranz voraus.

2.2.2 Zeiterleben

Eine Stunde ist eine Stunde und hat 60 Minuten, ob in Hamburg oder Paris, Ostturkistan oder Feuerland. Sollte man meinen. Zeit ist – philosophisch gesehen – eine Formalkategorie, der alle Dinge und Lebewesen unterworfen sind. Dass aber Zeit rein subjektiv ganz unterschiedlich erlebt werden kann, können wir selber schon feststellen angesichts des rasanten Fortschreitens von Zeit bei angenehmen Beschäftigungen und dem schier endlos erscheinendem Zeitverlauf angesichts „langweiliger" Ereignisse.

Zeit wird rein subjektiv ganz unterschiedlich erlebt

DAS ZEITEMPFINDEN IST STARK ABHÄNGIG VON DER KULTURELLEN PRÄGUNG EINES MENSCHEN ODER EINER NATION.

Dies hat entscheidend mit religiöser oder philosophischer Orientierung zu tun. Wer zum Beispiel „jenseitig" orientiert ist und das Hier und Jetzt nur als eine Daseinsform unter vielen begreift, der wird nicht peinlich darum bemüht sein, jede Minute seines Lebens möglichst effektiv mit Inhalt zu füllen. Er wird eher die Auffassung vertreten, dieses oder jenes könne man durchaus auch „mañana“ erledigen.

Es gibt sogar Völker, denen Zeit gar nicht so wichtig ist und die darüber nur selten nachdenken. Andere Kulturen dagegen empfinden die Zeit als eine höchst wichtige Dimension. Stark vereinfachend kann man sagen, dass der Zeitbegriff desto wichtiger wird, je industrialisierter und urbaner eine Gesellschaft ist. Dabei variiert auch die Vorstellung von Vergangenheit, Gegenwart und Zukunft stark.

Je industrialisierter und urbaner eine Gesellschaft ist, desto wichtiger wird Zeit

„Die hispanischen Einwohner im Südwesten der USA, ... leben weitgehend im Hier und Jetzt; was vergangen ist, ist vergangen; und die Zukunft ist dunkel und unvorstellbar. Im alten China orientiert man sich vor allem an der Vergangenheit, sichtbar zum Beispiel in der Ahnenverehrung und in der Bedeutung der Familie. ... Bei den Amerikanern steht die Zukunft obenan; man ist davon überzeugt, dass alles immer größer und besser wird. Gegenwart und Vergangenheit sind nicht so wichtig.“ (Maletzke 1996)

MONOCHRONES UND POLYCHRONES ZEITVERHALTEN

In Bezug auf das Zeitempfinden der Kulturen kann man zwei Zeitkonzepte voneinander unterscheiden: das monochrone Zeitverhalten und das polychrone Zeitverhalten.

Das monochrone Zeitverhalten kann man im Wesentlichen den westlichen Kulturen zuschreiben. Es zeichnet sich dadurch aus, dass sich alles Tun an genauen Zeitplänen orientiert, dass eine Aktivität begonnen und beendet wird, bevor man sich einer anderen zuwendet, dass alle Aktivitäten an die zur Verfügung stehende Zeit angepasst werden und dass man in diesem relativ starren Zeitkonzept eine relativ geringe Flexibilität zeigt.

In westlichen Kulturen herrscht das monochrone Zeitverhalten vor

Das eher östliche polychrone Zeitverhalten zeichnet sich dadurch aus, dass auf ein Erstellen von genauen Zeitplänen kein großer Wert gelegt wird, ja, dass man im westlichen Sinne „planlos“ vorgeht. Dinge werden auch nicht hintereinander erledigt, sondern vielmehr verschiedene Aktivitäten gleichzeitig abgewickelt, ohne dass jede unbedingt beendet werden müsste. Dieses Konzept zeichnet sich auch durch eine wesentlich höhere Toleranz gegenüber Unterbrechungen und Nichteinhalten von Terminen aus. Es kommt auch keine größere Nervosität auf, wenn Prozesse sich anders entwickeln als erwartet, man zeigt hier eine größere Flexibilität.

Es ist leicht einzusehen, dass diese verschiedenen Zeitkonzepte auch unterschiedlich mit der Tugend der „Pünktlichkeit" umgehen.

Pünktlichkeit

Pünktlich können die Menschen erst sein, seitdem es eine exakt funktionierende Zeitmessung gibt. Eine solche ist auch Grundlage dafür, dass Pünktlichkeit überhaupt als Tugend angesehen wird. Völker, denen erst in jüngerer Vergangenheit eine exakte Zeitmessung möglich war, bewegen sich oft noch in „vorzeitlichen" Dimensionen.

Auch bei uns gibt es noch einen Unterschied zwischen dienstlichen und geschäftlichen oder aber privaten Anlässen. In unserer durch die Industrialisierung bestimmten Geschäftswelt müssen wir auf die Minute pünktlich sein, im privaten Bereich jedoch kann man durchaus mit einer bis zu 15-minütigen Verspätung eintreffen.

In Südamerika, Afrika und im Orient wird Pünktlichkeit sehr großzügig behandelt

In Südamerika, Afrika und im Orient muss man davon ausgehen, dass auch geschäftliche Verabredungen unter der Maßgabe eines sehr großzügig aufgefassten Pünktlichkeitsbegriffs stattfinden. Wartezeiten von einer Stunde oder gar mehr sind keine Seltenheit und wirken auf den unvorbereiteten „westlichen" Gast oft beleidigend.

In Europa und den USA gelten Menschen, die häufig zu spät kommen, als charakterlos. In Südamerika dagegen würde dies nicht einmal als Verstoß gegen die Höflichkeit gewertet.

Eine Untersuchung der öffentlichen Uhren in verschiedenen Ländern ergab, dass in „westlichen" Ländern alle Uhren mehr oder weniger exakt übereinstimmen. In Südamerika dagegen zeigt kaum eine öffentliche Uhr wirklich die korrekte Zeit an. Wie sollte man da auf die Minute pünktlich sein?

Im Westen gilt: „Time is money"

Für Europäer und Amerikaner ist die Zeit etwas, das man in kleine Einheiten aufteilen kann, so wie man eine Wurst in Scheiben schneiden und diese einzeln verkaufen kann. *„Time is money"*, ist ja schon eine sprichwörtlich gewordene Einstellung westlicher Kulturen der Zeit gegenüber. Dadurch haben wir auch das Gefühl, dass die Zeit „abläuft", dass der eigentliche Zeitablauf immer gleich und nicht umkehrbar ist: Was weg ist, ist weg.

Weiterhin gehen wir davon aus, dass Vergangenheit, Gegenwart und Zukunft eng miteinander verknüpft sind und einander bedingen. Das Jetzt wird bestimmt durch das, was vorher geschah. Dadurch ist Zeit auch zielgerichtet und sinnorientiert.

zyklisches Zeiterleben in Asien und Afrika

Asiaten und Afrikaner erleben die Zeit dagegen als ganzheitliches Phänomen. Die Zeit wird hier nicht als geradlinig verlaufend, sondern als zyklisch erlebt. Zeit hat hier auch einen Eigenwert, so wie ein Weg auch schon das Ziel sein kann. Zeit verläuft nicht linear und zielgerichtet, sondern ist ihrem Wesen nach inkonsistent. Sie zeichnet sich durch Diskontinuität aus und besteht aus günstigen und ungünstigen Momenten, die man entweder ergreift oder aber besser untätig verstreichen lässt. Anstelle blinden Machens tritt hier ein ruhevolles Zusehen. Es wird schon, wie die Welt es will, man muss nur gelassen abwarten.

Zeit wird auch viel konkreter erlebt und nicht als abstrakte Größe. Sie wird nicht in Sekunden, Minuten und Stunden eingeteilt, sondern in Jahreszeiten, Feste und Saisonarbeiten.

materielle Konsequenzen der Zeitauffassung

Das Verhältnis zur Zeit hat natürlich auch ganz materielle Konsequenzen. Es bestimmt auch das Verhältnis zum Geld. Für weniger zukunftsbezogene Kulturen wie etwa viele afrikanische Völker, aber auch Südamerikaner ist Sparen, also Vorsorge für Zukünftiges eine höchst seltsame Vorstellung. Wer Geld hat, der gibt es aus. Sind die Mittel dann erschöpft, hat man eben ein Problem, das man schon irgendwie lösen wird. Für diesen Moment vorzusorgen, also einem bestimmten Zeitraum eine Einteilung durch entsprechende Geldausgabeeinheiten zuzumessen, wäre unvorstellbar.

Für viele Afrikaner besteht die Zeit aus einer Aneinanderreihung von voneinander unabhängigen Kapseln. Es gibt eine Zeit für die Hochzeit, eine für Besuche, eine für die Zubereitung von Speisen und eine für die Arbeit. Befindet man sich nun in einer dieser Kapseln, wechselt man nicht zu einer anderen hinüber.

Religiöse Determinanten der Zeitauffassung

Kulturen, die unter dem Einfluss des Reformators Calvin stehen, und hier ist insbesondere die angloamerikanische, teil-

Zukunfts- versus Gegenwartsorientierung

weise auch die europäische Kultur zu nennen, sind stark zukunftsorientiert. Sie verbinden die Forderung nach einer möglichst einfachen Lebensweise mit der Verpflichtung zu harter Arbeit und Erfolg. Dies geschieht in der Hoffnung, auf diese Weise ein gottgefälliges Leben zu führen.

In Lateinamerika, im Mittelmeerraum und Afrika dagegen ist der calvinistische Einfluss nicht spürbar, die dort lebenden Menschen sind eher gegenwartsorientiert.

Viele Kulturen, die sich erst in den vergangenen Jahrzehnten mit Industrialisierung auseinander setzen mussten, sind in puncto Zeitbegriff noch in einem Anpassungsprozess an die durch die Technik geforderte Präzision, Pünktlichkeit, Zuverlässigkeit und die Zwänge zu planvoll zukunftsorientiertem Handeln. In Asien waren bis vor gar nicht langer Zeit Begriffe wie Zukunft oder Fortschritt unbekannt. Veränderung bedeutete immer Verfall, Innovationen begegnete man mit Ängstlichkeit und Misstrauen. Das Althergebrachte, die Traditionen waren dagegen per se wertvoll.

2.2.3 Raumempfinden

Raum und Raumverhältnisse werden unterschiedlich wahrgenommen

Was soeben über die Zeit gesagt wurde, kann man auch auf die Kategorie „Raum" beziehen. Eine 40-Quadratmeter-Wohnung ist in Tokio natürlich genauso groß wie in Berlin. Der Unterschied ist vielleicht, dass eine vierköpfige japanische Familie eine solche Wohnung als angemessenes Domizil empfindet, während ein deutscher Single sich darin schon beengt fühlt. Hier werden unterschiedliche Raumkonzepte deutlich, von denen niemand sagen sollte, dass das von ihm Bevorzugte anderen Vorstellungen gegenüber überlegen sei.

Es gibt Kulturen, die dem Raum eine sehr wichtige Rolle beimessen, für andere Kulturen ist diese Frage völlig nebensächlich. Raumgefühl hat auch immer mit der geographischen Situation, in der eine Nation lebt, zu tun. Für den endlose Weiten gewohnten Amerikaner oder auch Russen erscheinen unsere europäischen Städteverhältnisse als bedrückend eng.

Auch werden Räume und die Verhältnisse der Dinge darin in unterschiedlichen Kulturen ganz verschieden wahrgenommen. In westlichen Kulturen nehmen die Menschen Objekte im Raum wahr. Das tun die Japaner zwar auch, aber sie achten auch in besonderer Weise auf die Zwischenräume, die zwischen den Objekten liegen. Diese Zwischenräume haben sogar einen eigenen Namen. Sie werden „Ma“ genannt und als Intervall verehrt.

Im Westen wie im Osten gibt es gesellschaftliche Distanzzonen, die in bestimmten Situationen als angemessen empfunden werden. Im Westen entspricht dabei im privaten Bereich der Abstand von zwei einander vertrauten Gesprächspartnern etwa dem einer Armlänge (60 cm). Er erweitert sich im geschäftlichen Verkehr auf etwa 1 m und wenn Gruppen miteinander sprechen, sogar auf 2 m.

gesellschaftliche Distanzzonen, die in bestimmten Situationen als angemessen empfunden werden

Diese Distanzzonen sind, entsprechend dem jeweiligen Raumempfinden, in anderen Kulturen teilweise wesentlich geringer. Wer im Sommer durch einen deutschen Stadtpark geht, in dem sich deutsche und türkische Gruppen auf den Wiesen niedergelassen haben, der wird feststellen, dass die türkischen Gruppen (meist Familien) auf engstem Raum beieinander sitzen. Eine deutsche Gruppe dagegen lässt sich weit verstreut auf einer wesentlich größeren Grundfläche nieder und bildet dabei eine weit weniger geordnet erscheinende Formation.

Diesen Sachverhalt der unterschiedlichen Distanzzonen müssen wir stets im Bewusstsein haben, wenn wir im Orient oder in Südamerika mit Gesprächspartnern zu tun haben, die uns unter Umständen nach unserer Meinung „zu nahe treten“. Wer hier befremdet zurückweicht, der handelt sich entscheidende Minuspunkte ein.

Im Orient oder in Südamerika sind die Distanzzonen geringer als im Westen

Aus dem Tierreich kennen wir den Begriff des „Territoriums“. Dies bezeichnet einen abgesteckten Bezirk, in dem ein Individuum gemäß der gegebenen Möglichkeiten sich in seinen eigenen Bereich zurückziehen kann.

Solche Territorien gibt es auch bei den Menschen. Unabhängig davon, in welchem Kulturkreis jemand lebt, braucht er zuweilen solche privaten Rückzugsmöglichkeiten. Das ist für alle Menschen gleich. Sehr verschieden und kulturspezifisch ist allerdings die Größe des jeweiligen Territoriums. Besonders weitläufig sind diese Territorien beispielsweise – und dies schon seit Jahrhunderten – in Großbritannien. Bis heute ist es der Öffentlichkeit untersagt, private Ländereien zu betreten und seien sie auch noch so groß. Dies ist in Deutschland anders, wo jeder Wald- und Wiesenbesitzer im Außenbereich seinen Grundbesitz der Öffentlichkeit zugänglich machen muss. Selbst Zäune sind ihm nur unter be-

unterschiedliche Größen von Territorien

stimmten Bedingungen gestattet, etwa um den Bewegungsradius von Vieh und Wild einzuschränken.

Die Amerikaner gehen noch lockerer mit dem Territoriumsbegriff um. Bei ihnen signalisiert der Zustand einer Tür, ob Öffentlichkeit erwünscht ist oder nicht. Eine angelehnte Tür, egal wo, bedeutet: Bitte eintreten, herzlich willkommen! Ist in den USA dagegen eine Tür verschlossen, so heißt das: Achtung, privat, Zutritt verboten!

Auch die Vehemenz, mit der Territorien beansprucht und verteidigt werden, ist kulturspezifisch. Die Territorien der Deutschen sind zwar weit weniger weitläufig als die der Engländer. Hat sich jedoch ein Deutscher sein Refugium geschaffen, verteidigt er sein Revier unter Umständen bis zur Gewaltandrohung. Beobachten konnte man dies noch bis vor wenigen Jahren an Deutschen, die im In- oder Ausland die Strände bevölkerten. Das Thema „Strandburgen" muss hier wohl nicht weiter ausgeführt werden, es hat uns im Ausland genug Spott eingebracht.

Territorien gibt es in den USA übrigens nicht nur für Einzelpersonen, sondern auch für Gruppen. Wenn sich dort zwei oder drei Menschen auf der Straße miteinander unterhalten, bildet sich um sie herum eine Tabuzone, die jeder akzeptiert. Man macht einen großen Bogen um diese Personen und es käme niemandem in den Sinn, sie anzusprechen.

unterschiedliche räumliche Distanz zu Angehörigen verschiedener Schichten in Asien

In Asien sind Distanzzonen stark davon abhängig, aus welcher sozialen Schicht die interagierenden Personen stammen. Angehörige einer „höheren" Schicht wahren einen größeren Abstand zu „niedrigen" Schichten als zu ihresgleichen. Die räumliche Distanz zu verringern, obliegt allein dem jeweils Höhergestellten, Älteren oder sonstwie Würdigeren. Als Beispiel mag das Schüler/Lehrer-Verhältnis gelten. Lehrer gelten in Asien als Respektpersonen, zu denen der Schüler einen gebührenden Abstand hält. Auch der Chef hält zu seinen Mitarbeitern einen größeren Abstand als diese untereinander. Noch größeren Abstand hält der Kaiser zu seinem Volk oder auch einzelnen Besuchern. Dieser Abstand kann 50 m und mehr betragen.

kulturspezifische Sitzordnungen

Auch das Sitzen wird durch kulturspezifische Unterschiede bestimmt. Nordamerikaner und Europäer sitzen ungern nebeneinander, sie bevorzugen ihrem „Gegenüber" auch tatsächlich gegenüber oder „über Eck" zu sitzen. Eine Distanz von etwa einem Meter wird dabei als besonders angenehm empfunden. In größeren Räumen haben sie die Tendenz, sich nicht etwa im Raum zu verteilen, sondern enger zusammenzurücken.

In Asien gibt es bei offiziellen Anlässen, zu denen auch das Geschäftsessen gehört, strenge Sitzordnungen. Diese orientieren sich an der Hierarchie und am Alter der Beteiligten. Es gibt für besonders Würdige bevorzugte Ehrenplätze, der Rangniedrigste bekommt den schlechtesten Platz.

strenge Sitzordnungen in Asien

2.2.4 Art und Weise des Denkens

Wie bei den Kategorien von Raum und Zeit könnte man auch in Bezug auf das Denken die Ansicht vertreten, dass ihm biologisch-geistige Strukturen zugrunde liegen, die bei allen Menschen gleich sind. Eins plus eins ergibt zwei, ob in Hamburg oder Shanghai.

„Das ist doch wohl logisch", sagen wir gerne, wenn wir etwas für selbstverständlich halten. Und für selbstverständlich halten wir besonders die Logik unseres Denkens. Eine davon abweichende Logik erscheint uns unvorstellbar.

Interessanterweise vollzieht sich aber auch die Art und Weise des Denkens stark kulturabhängig. Um uns diesem Phänomen zu nähern, wollen wir uns die in den psychologischen und philosophischen Wissenschaften üblichen Einteilungen der verschiedenen Denkformen einmal näher anschauen.

Auch die Art und Weise des Denkens ist stark kulturabhängig

VERSCHIEDENE FORMEN DES DENKENS

Es wird unterschieden zwischen
- logischem und prälogischem,
- induktivem und deduktivem,
- abstraktem und konkretem und
- alphabetischem und analphabetischem Denken.

LOGISCHES VERSUS PRÄLOGISCHES DENKEN

Ein klassischer Beispielsatz, der verdeutlicht, was wir unter „logisch" verstehen, geht auf die griechische Antike zurück: Er vollzieht sich in den Schritten These, Antithese und Synthese.

Der Klassiker: These, Antithese und Synthese

Ein Beispiel:

THESE:	Alle Menschen sind sterblich.
ANTITHESE:	Sokrates ist ein Mensch.
SYNTHESE (logischer Schluss):	Sokrates ist sterblich.

logisches Denken in den westlichen Kulturen

Diesem Denkmuster sind insbesondere die westlichen Kulturen verpflichtet, die ihre geistigen Wurzeln im griechischen Humanismus und da insbesondere in der aristotelischen Logik haben. Dieses Denken geht analytisch, linear und rational vor.

ganzheitliches, assoziatives und eher emotionales Denken in Asien

Die Kulturen Asiens, Indiens und des Orients – um nur einige zu nennen – haben, unter dem Eindruck ihrer Philosophie und Religion, Denkformen entwickelt, die nicht rational sondern vielmehr spirituell zu nennen sind. Dort werden auch Erscheinungen für „wahr“ gehalten, die uns vielleicht „unlogisch“ erscheinen würden. Eine solche Denkweise ist ganzheitlich, assoziativ und eher emotional als rational. So stehen hier zum Beispiel „Bauchentscheidungen“ gleichberechtigt neben oder sogar über dem verstandesmäßigen Denken.

INDUKTIVES VERSUS DEDUKTIVES DENKEN

Induktives Denken zeichnet sich dadurch aus, dass es vom Einzelnen, Konkreten zum Allgemeinen und Abstrakten geht. Deduktives Denken dagegen konstruiert zunächst allgemeine, abstrakte Konzepte, die sich danach dem Einzelnen und Konkreten zuwenden.

Was hier noch sehr theoretisch klingt, lässt sich an der Vorgehensweise eines Architekten anlässlich einer Hausplanung erläutern. Eine induktive Vorgehensweise wäre hier, dass man zunächst von der Frage ausgeht: *„Für wen und für welche Funktionen bauen wir ein Haus, also ein Gefüge von verschiedenen Räumen?“*

- Induktive Planungsvariante

Wenn eine Familie mit zwei Kindern ein Haus benötigt, so ist der erste Gedanke der Planung, für jedes Familienmitglied ein entsprechendes Zimmer und dann die Gemeinschaftsräume zu schaffen. Aus den den Räumen entsprechenden Funktionszusammenhängen ergibt sich dann „automatisch“ die Hausgestalt. Man baut also von innen nach außen.

- Deduktive Planungsvariante

Deduktive Planung würde bedeuten, dass man zuerst von einer abstrakten Hausgestalt ausgeht, zum Beispiel einer Idee oder Vision. Das könnte ein Kubus, Quader oder Turm usw. sein. Dieser äußeren Gestalt haben sich dann die einzelnen Räume und Funktionen unterzuordnen. Auf diese Weise könnten schöne und „ideale" Konstruktionen entstehen, die aber funktionell „unpraktisch" wären. Zum Beispiel ein Badezimmer ohne Verbindung durch ein Fenster nach außen. Schließlich stehen hier nicht die Funktionen einzelner Glieder des Ganzen, sondern das Ganze selbst im Vordergrund der Planung. Es würde dementsprechend von außen nach innen gebaut.

Die induktive Denkweise ist typisch für die westlichen Kulturen. Man beobachtet Einzelphänomene und schließt daraus auf Zusammenhänge, Naturgesetze und allgemeine Strukturen.

von beobachteten Einzelphänomenen auf allgemeine Strukturen schließen

Viele andere Kulturen (zum Beispiel Asien, Orient, Afrika, teilweise auch Südamerika) gehen in ihrem Denken den deduktiven Weg. Am Anfang ihres Denkens stehen universelle, generelle und ganzheitliche Ideen und Vorstellungen (zum Beispiel göttliche Gesetze, Traditionen, überlieferte „Wahrheiten").

von universellen, generellen und ganzheitlichen Ideen und Vorstellungen ausgehen

Alle Erscheinungen, die in der Welt beobachtet werden, werden diesem abstrakten und theoretischen Gesetz untergeordnet. Was nicht in den vorgegebenen Rahmen passt, kann und darf auch nicht sein. Ausgangspunkt ist immer die Idee.

Neben den genannten Kulturen wird auch den Russen ein Hang zum deduktiven Denken nachgesagt. Es ist auffällig, dass Russen in Verhandlungen stets darauf bestehen, zunächst einmal die Regeln und allgemeine Prinzipien festzulegen und zu bestimmen, bevor man sich Einzelheiten zuwendet. Alles, was den einmal erkannten und aufgestellten Prinzipien dann widerspricht, gilt als inakzeptabel.

Ähnliches berichtet man auch von den Arabern. Arabische Architekten beispielsweise planen zunächst einmal „Luftschlösser", die einem allgemeinen Ideal folgen. Die Schönheit des Bauwerkes besteht schon in der Schönheit eines formvollendeten Plans. Hierbei handelt es sich um eine formale Ästhetik, die ihren Wert in sich hat und auch völlig unabhängig von der tatsächlichen Realisierbarkeit der Entwürfe funktioniert. Ist der Plan nur perfekt genug, braucht man eigentlich gar nicht mehr an seine Verwirklichung zu gehen, sie wäre ohnehin die durch allerlei Sachzwänge verwässerte Profanisierung des idealen Entwurfs.

Abstraktes versus konkretes Denken

Unmittelbares emotional-sinnliches Erleben hat in den westlichen Kulturen wenig Geltung

Mitglieder westlicher Kulturen denken weitgehend in abstrakten Kategorien. Emotional-sinnliches Erleben wird demgegenüber als minderwertig eingestuft. Abstrakt bedeutet in diesem Zusammenhang – abgehoben von konkret erfahrbaren Dingen und Verhältnissen – theoretisch, logisch und rational zu denken.

Konkretes, intuitives, bildhaftes und emotional gefärbtes Denken z. B. in Afrika

Andere Kulturen, wie etwa die afrikanische, neigen eher zu konkretem, intuitivem, bildhaftem und emotional gefärbtem Denken. Sie denken auch eher in Personen als in Gegenständen. Daher bekommen Gegenstände auch oft Personennamen.

In zahlreichen Versuchsreihen stellte sich heraus, dass Afrikaner sich an Sachverhalte aus Erzählungen, die vorwiegend mit abstrakten Begriffen arbeiteten, kaum erinnern konnten. Wurden jedoch anschauliche Bilder benutzt, die die Versuchspersonen in einen sinnvollen Erfahrungszusammenhang setzen konnten und wurde darüber hinaus subjektiv Stellung bezogen, war die Erinnerungsleistung wesentlich besser. Den in den Erzählungen vorkommenden Personen wurden oft Namen aus dem persönlichen sozialen Umfeld gegeben.

Alphabetisches versus analphabetisches Denken

Lesen und Schreiben verändern die Weltsicht und die Denkweise eines Menschen

Kulturen, die des Lesens und Schreibens kundig sind, denken anders als analphabetische Kulturen. Lesen und Schreiben verändern die Weltsicht und die Denkweise eines Menschen.

Analphabetische Gesellschaften haben keinen verschriftlichten Erfahrungsfundus, auf den sie zurückgreifen könnten. Sie sind allein auf ihr Erinnerungsvermögen angewiesen. Dies ist oft hervorragend ausgeprägt und den Gedächtnisleistungen der Mitglieder von alphabetischen Kulturen weit überlegen. Das Erinnerungsvermögen ist aber immer auch abhängig von ganz konkreten Erinnerungssituationen,

Bedingungen, Personen und Gegebenheiten. Wissen wird in Form von Erzählungen weitervermittelt, die natürlich die Tendenz haben, gemäß dem Prinzip der „stillen Post" stark zu variieren.

Dokumentation und Weitergabe objektivierten Wissens in schriftlichen Gesellschaften

Weitgehend unverändert lässt sich Wissen nur in schriftlichen Kulturen weitergeben. Diese Weitergabe und Aufnahme ist dann auch nicht mehr ausschließlich an konkrete Gegebenheiten gebunden, sondern kann zur Abstraktion sowie zu einem rationalen und logischen Denken finden. Wissen wird durch die schriftliche Form auch nachprüfbar und ermöglicht erst auf diese Weise die Entwicklungen eines kritischen und skeptischen Denkens.

Wenn also ein Mitglied einer analphabetischen Kultur oder auch einer solchen, die noch nicht auf eine lange Schriftkultur zurückblicken kann, einem Mitglied einer alphabetischen Gesellschaft gegenübersteht, kann es leicht zu Kommunikationsschwierigkeiten kommen. Der „Schriftkundige" sollte tunlichst vermeiden, dass ein Diskurs zu abstrakt und rational gerät.

2.2.5 Referenzrahmen (Kontext) von Denken und Sprechen

kultureller Bezugsrahmen oder Kontext

Das, was wir denken und kommunizieren, bekommt seinen Sinn erst durch einen kulturellen Bezugsrahmen oder Kontext. Wenn Ihnen zum Beispiel jemand die Frage stellen würde: *„Sind 10 Euro viel oder wenig?"*, würden Sie erstaunt entgegnen: *„Wofür? Im Verhältnis zu was?"* Sie würden also nach dem Zusammenhang, dem Kontext fragen, in dem die Beurteilung von viel oder wenig erst erfolgen kann.

Im Vergleich mit 10 Cent sind 10 Euro viel, im Vergleich mit 10.000 Euro wenig. Bekäme man für diesen Betrag ein Auto, wäre dies ein echtes Schnäppchen, 10 Euro für ein Brötchen dagegen wären sehr viel. In der Erkenntnisphilosophie, die sich mit den Möglichkeiten und Grenzen des menschlichen Denkens und Erkenntnisvermögens beschäftigt, gibt es dazu eine bekannte Zeichnung.

Wenn Sie die umseitige Zeichnung von oben nach unten lesen, also mit den Zahlen beginnen, werden Sie das Zeichen in der Mitte unweigerlich als die Zahl 13 erkennen. Betrachten Sie die Zeichnung jedoch von links nach rechts, also horizontal, nehmen Sie das Zeichen als Buchstaben wahr.

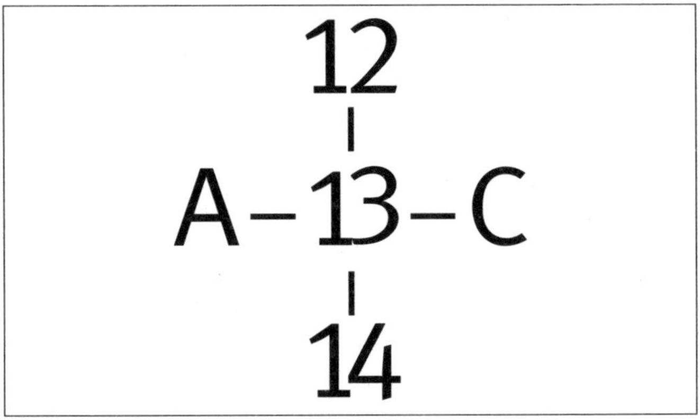

Der Bezugsrahmen entscheidet, was wahrgenommen wird

Die Bezugsrahmen der individuellen Lebensumstände sind von der jeweiligen Kultur abhängig

Wie bei diesem Zahlen/Buchstabenbeispiel gibt es für alle Lebensumstände bestimmte Bezugsrahmen, aus denen wir heraus Situationen beurteilen und nach denen wir unsere Denkvorgänge gestalten. Diese Bezugsrahmen sind stark von der jeweiligen Kultur abhängig, in der wir leben. Sie sind uns derart in Fleisch und Blut übergegangen, dass wir sie für selbstverständlich halten, ja uns ihrer Existenz überhaupt nicht bewusst sind.

So halten wir zum Beispiel das in Mitteleuropa anzutreffende Stimmen von Musikinstrumenten für das Ergebnis „natürlicher“ Tonschwingungen. Daher empfinden wir auch das Stimmen eines Klaviers als „harmonisch“. Was wir nicht mehr wissen ist, dass diese Klangverhältnisse keineswegs natürlichen Ursprungs sind, sondern das Ergebnis unserer spezifischen Musikgeschichte und -sozialisation. Erst zuzeiten Bachs begann man an bestimmten Tonfrequenzen „herumzuschrauben“ und sie künstlich herauf- oder herabzusetzen. Man nannte diesen Vorgang „temperieren“. Dadurch sollte ein für unsere Ohren gefälligeres Klangbild erreicht werden. Die Musikinstrumente, die wir heute in unserem Kulturkreis vorfinden, sind alle nach diesen manipulierten Frequenzen gestimmt. Sie entsprechen also nicht dem „natürlichen“ Frequenzgang.

Diesem Umstand sollen wir sogar die Entstehung des amerikanischen Blues verdanken. Als die aus Afrika kommenden Sklaven auf die temperiert gestimmten Instrumente in Amerika trafen, erschienen ihnen die damit erzeugten Klänge als äußerst qualvoll, da sie nicht gemäß der ihnen geläufigen natürlichen Stimmung gestimmt waren. Sie versuchten diesen Mangel auszugleichen, indem sie zum Beispiel bei der Gitarre während des Spiels mit den Fingern die Saiten bei bestimmten Tönen „zogen". Durch dieses „Ziehen" erreichten sie partiell wieder die natürliche Stimmung und schufen damit das typische Klangbild des Blues. Viele andere Kulturen verwenden heute noch die natürliche Stimmung. Die damit erzeugte Musik klingt für uns „disharmonisch".

KULTURELLE BEZUGSRAHMEN SIND STARK ABHÄNGIG VON DER WELTANSCHAULICHEN AUSRICHTUNG EINER GESELLSCHAFT.

Durch Märchen und Mythen, Sprachschatz, geografische Gegebenheiten, Politik und Geschichte, Religion, körperliche Besonderheiten und Traditionen bildet sich der Kontext, der allem Handeln und Denken gleichsam wie eine Folie unterlegt ist.

Gesellschaften mit hohem und niedrigem Kontextbezug

Interessanterweise sind aber nicht alle Kulturen gleich stark von solchen referenziellen Bezugsrahmen abhängig. Man unterscheidet Gesellschaften mit hohem Kontextbezug von solchen mit niedrigem Kontextbezug. Besonders deutlich wird dies am Beispiel der Sprachen. Manche Sprachen sind in der Lage, verbale Äußerungen stark zu reduzieren. Sie kommen mit einem Minimum von Information aus. Diese Sprachen weisen einen hohen Kontextbezug auf.

Sprachen mit hohem Kontextbezug kommen mit weniger Worten aus

Eine Spitzenstellung nimmt dabei die japanische Sprache ein, die Sätze kennt, die nur aus einem einzigen Verb bestehen. Solche Sätze sind in Japan nicht unüblich und grammatisch völlig korrekt. Trotz der erheblichen Reduktion verstehen Japaner aber genau, worum es geht. Sie erschließen sich die aus unserer Sicht fehlenden „Informationsbits" aus dem Zusammenhang.

Hier ein Beispiel: *„Herr Suzuki hat sich in Frau Ishi verliebt. Er will ihr ein Geschenk machen, um seine Gefühle zu zeigen. Die Arbeitskollegen von Herrn Suzuki sind darüber informiert. Wenn nun an einem der darauf folgenden Tage einer der Arbeitskollegen das Büro betritt und lediglich*

‚ageta' (gab) sagt, extrapolieren die Kollegen, dass nun Herr Suzuki Frau Ishi das Geschenk überreicht hat." (Maletzke 1996)

Auch europäische Sprachen kennen eine Reduktion, wenn auch nicht eine derart radikale wie in Japan. So ist es in Spanien durchaus üblich, die Personalpronomen fortzulassen. Man sagt also nicht: *„Ich habe"*, sondern *„habe"*. Auch in Russland werden oft Verben ausgelassen. Man sagt dort nicht: *„Es ist Nacht"*, sondern *„Nacht"*.

SPRACHEN MIT HOHEM KONTEXTBEZUG STELLEN HOHE ANFORDERUNGEN AN DEN EMPFÄNGER.

Wer in seiner Jugend im Lateinunterricht mit Bandwurmsätzen völlig ohne Verben konfrontiert wurde und eher den Eindruck hatte, ein Rätselspiel lösen zu müssen, der weiß, was hiermit gemeint ist.

Sprachen, die einen niedrigen Kontextbezug aufweisen, kommen weitgehend ohne Bezugsrahmen aus. Ihre Textkonstruktionen weisen viele Wörter auf, die an sich keine Information transportieren, die den Informationstransfer aber erleichtern (Redundanz). Es muss nichts interpretiert und erschlossen werden. Die Bedeutung ergibt sich durch die hohe Anzahl der Einzelinformationen. Der Leser oder Hörer hat auch nicht die Aufgabe, zum Verständnis Lücken auszufüllen, da es keine Lücken gibt.

Kulturen mit hohem Kontextbezug pflegen einen sehr indirekten Kommunikationsstil

Kulturen mit hohem Kontextbezug pflegen einen sehr indirekten Kommunikationsstil. Viele Informationen wirken unterschwellig und lassen ihre Bedeutung nur im Gesamtzusammenhang erkennen. Diese unterschwelligen Informationen werden im Sprechakt durch nonverbale Signale verstärkt. Dazu gehören insbesondere Modulationen der Stimme (Tonhöhe) sowie Mimik und Gestik. Zum Verständnis ist es hier erforderlich, dass Sender und Empfänger einer Nachricht ein identisches Hintergrundwissen besitzen. Gesprächspartner müssen zwangsläufig die in der sprachlichen Vermittlung entstehenden Lücken vor dem Hintergrund ihres Kontextwissens durch Eigeninterpretationen ergänzen.

Welche Nationen einen hohen beziehungsweise niedrigen Kontextbezug aufweisen, zeigt die Abbildung auf der nächsten Seite.

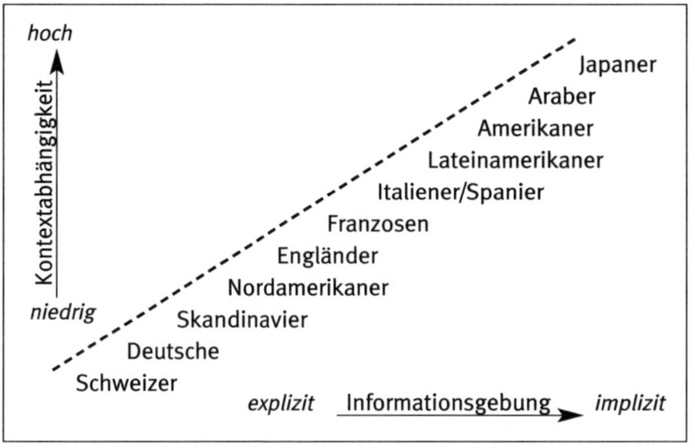

Übersicht über explizite und implizite Sprachkulturen

2.2.6 Magie, Zauberei und Aberglaube

Obwohl Magie in all ihren Erscheinungsformen eher eine vorbegriffliche Methode darstellt, das menschliche Gehirn zu benutzen, wollen wir es im vorliegenden Kontext unter das Kapitel „Denken“ fassen. Es soll nun um das gehen, was man allgemein „Glaube“ oder „Intuition“ oder zuweilen auch „parapsychologische Phänomene“ nennt.

kulturell unterschiedliche Bewertung okkulter Phänomene

Dieses Kapitel ist im interkulturellen Kontext deshalb von besonderer Wichtigkeit, weil sich hier erhebliche kulturspezifische Unterschiede zeigen. Das beginnt zunächst damit, dass die Kulturen sich schon in der Wichtigkeit unterscheiden, die sie okkulten Phänomen beimessen. Vorwegnehmend kann man sagen, dass eigentlich nur in westlich orientierten Zivilisationen (dies gilt jedenfalls für den Großteil der Bevölkerung) der Magie eine eher untergeordnete Rolle zukommt. Das ist in Afrika, Südamerika, Asien und dem Orient ganz anders.

In weiten Teilen der Welt geht man davon aus, dass besonders dafür begabte Menschen in der Lage seien, sich durch Zauberei die Kräfte von höheren Wesen positiv oder negativ zunutze zu machen. Dazu gehört auch der hier schon öfter erwähnte, in islamischen Ländern anzutreffende Glaube vom „bösen Blick“.

In diesem Zusammenhang wird gerne die Geschichte von den Ethnologen erzählt, die sich in Afrika mit „Schamanen“ über paranormale Phänomene stritten. Die Schamanen behaupteten, im Trancezustand fliegen zu können. Die Wissenschaftler erklärten das für Unsinn mit dem Hinweis darauf, dass doch jeder sehen könne, dass die Schamanen auch in Trance noch mit beiden Füßen die Erde berührten. Die Schamanen ihrerseits wiesen die Ethnologen darauf hin, dass sie nicht die Bohne von dem verstünden, was der Begriff „fliegen“ spirituell bedeute. Sie bezichtigten die Ethnologen der geistigen Armut, da sie sich unter dem Wort fliegen nur das vorstellen konnten, was Vögel oder Pan-Am-Piloten tun.

Glaube an die Abwendung böser Schicksalsmächte durch ein bestimmtes Verhalten

Die passive Variante dieser spirituellen Phänomene ist der Aberglaube. Aberglaube liegt dann vor, wenn man glaubt, dass man „böse Schicksalsmächte“ durch ein bestimmtes Verhalten abwenden könne. Diese Haltung ist in Asien sehr verbreitet und nimmt dort einen wesentlich größeren Raum im Denken und Handeln der Bevölkerung ein als bei uns.

Wenn einem Asiaten morgens eine Katze über den Weg läuft, befürchtet er Schlimmstes für den Tag. Ein Tag, der mit einer Katze beginnt, verheißt nichts Gutes. Ganz gefährlich ist es auch, sich nach Sonnenuntergang die Fingernägel zu schneiden. Wer das dennoch tut, der wundert sich nicht, wenn er kurz darauf von einem Meteoriten getroffen wird. Auf jeden Fall wird es irgendwelche schlimmen Folgen haben.

Zahlen und Zahlenkombinationen

In Japan verheißen manche Zahlen und Zahlenkombinationen Unglück. Diese Einstellung stellt die japanischen Telefongesellschaften vor nicht geringe Probleme. Die Unglückszahlen will natürlich niemand haben, deshalb dreht man sie nach Möglichkeit ahnungslosen Ausländern an. Natürlich gibt es auch Glückszahlen, diese werden auf dem schwarzen Markt teuer gehandelt. Dem glücklichen Inhaber dieser Zahlen ist die Aussicht auf Erfolg und Reichtum, Gesundheit und Liebe sicher.

Der Aberglaube korreliert nicht unbedingt mit dem Grad der Industrialisierung oder Entwicklung einer Zivilisation, wie ein Beispiel aus Singapur beweist. Dort stand ein großes Hotel kurz vor dem Konkurs. Um das drohende Unheil abzuwenden, konnte nur noch ein „Feng-Shui“-Berater helfen. (Feng Shui ist, verkürzt gesagt, die asiatische „Lehre der Wohnkunst“). Dieser Feng-Shui-Experte hatte den Grund für den geschäftlichen Niedergang schnell gefunden. Eingangsfront und Kassenraum des Hotels waren allen Feng-Shui-Regeln zuwider angelegt. Sie wiesen eine äußerst ungünstige

Nordausrichtung auf und waren überdies durch eine riesige Glasfront abgeschirmt.

Hans-Peter Duerr, der diese Geschichte in seinem Buch Traumzeit erzählt, kommentiert dazu: „ ... *Kein Wunder, dass die zumeist aus nördlicher Richtung angreifenden Dämonen ohne Mühe durch die Eingangsfront eindringen und die Kassen leer räumen konnten. Die Empfehlung des Geomanten an die Architekten lautete ... vor die Eingangspforte eine Geistermauer in Form von Springbrunnen und Blumenarrangements zu setzen und im Speisesaal ein nach altchinesischem Muster angefertigtes, etwa 8 m langes Holzboot mit der Inschrift ‚sichere Reise' zu installieren.*" (Duerr 1985)

Der Ministerpräsident von Singapur, der in britischen Schulen erzogen wurde und für seine aufgeklärte Politik bekannt ist, konsultiert vor wichtigen Entscheidungen einen Astrologen. Ähnliches ist auch von vielen anderen Politikern bekannt. In Indien erfolgte die Unabhängigkeitserklärung in der Nacht zwischen dem 15. und 16. August 1947, da dies ein astrologisch besonders günstiger Zeitpunkt war. Pikanterweise wurde auch der Tag für die Zündung der ersten indischen Atombombe nach astrologischen Berechnungen gewählt.

Auch westliche Kulturen sind nicht frei von Aberglauben

Wenn auch der Aberglaube in Lateinamerika, dem Orient („böser Blick") und Asien zu einem großen Teil den Alltag der Menschen bestimmt und damit einen gewichtigen irrationalen Gegenpol zu unserer rational ausgerichteten Welt darstellt, sollten wir dennoch nicht denken, dass wir völlig immun gegen jede Art von Aberglauben wären. Wie wäre es sonst zu erklären, dass unsere Fluggesellschaften einen deutlichen Buchungsrückgang verzeichnen, wenn ein Freitag auf einen 13. fällt. In den USA vermeidet man es, 13 Gäste zum Essen zu laden. Wenn ein Amerikaner einen Spiegel zerbricht, vollzieht er bestimmte Riten, um daraus resultierendes Unheil abzuwenden. Er würde auch niemals unter einer angelehnten Leiter hindurchgehen und wenn eine schwarze Katze seinen Weg kreuzt, verfällt er in tiefe Verunsicherung. Wir Deutschen differenzieren da etwas feiner: Katze von links ist positiv, Katze von rechts negativ.

2.2.7 Sprache und Sprechen

Zu den wichtigsten Unterscheidungsmerkmalen der verschiedenen Kulturen gehören natürlich die Sprachen. Ohne Sprache könnten wir nicht denken, wir könnten keine Begriffe bilden, die Welt und ihre Erscheinungen nicht ordnen.

Jede Sprache verkörpert eine ganz spezifische Sicht der Welt

Wir brauchen Sprache auch, um Wichtiges von Unwichtigem zu trennen, um die Komplexität der vielfachen Eindrücke, die täglich auf uns eingehen, zu reduzieren. Die Art, wie wir dabei vorgehen, entscheidet der kulturelle Kontext, in dem wir uns bewegen. Wir neigen dazu, die spezifische Art unserer individuellen Komplexitätsreduktion als selbstverständlich und naturgegeben anzusehen. Die Kategorien, die wir dabei entwickeln und gebrauchen, gelten uns als allgemein menschlich. Treffen wir nun auf eine fremde Kultur mit anderen Kategorien, so halten wir diese für per se unlogisch und stupide. Es entsteht dann schnell ein Überlegenheitsgefühl. Schon Wilhelm von Humboldt hatte erkannt: *„Die Verschiedenheit der Sprachen ist nicht eine Verschiedenheit an Schällen und Zeichen, sondern eine Verschiedenheit der Weltansichten“*.

Missverständnisse im interkulturellen Austausch entstehen immer dann, wenn zwei Gesprächspartner davon ausgehen, dass beide dasselbe meinen, weil sie dasselbe Wort bzw. den selben Begriff verwenden. Dies wird deutlich an internationalen Begriffen wie Kapitalismus, Sozialismus, Demokratie, Terrorismus, Kultur, Profit, Ehrlichkeit usw., allesamt Begriffe, die in so ziemlich jedem Land etwas anderes bedeuten.

unterschiedliche Wortanzahl für bestimmte Begriffe in den verschiedenen Kulturen

Interessant ist auch, wie unterschiedlich die Wortanzahl für bestimmte Begriffe in den verschiedenen Kulturen ist. Dies hängt stark von der Wertigkeit ab, die einem Begriff zugesprochen wird. Je wichtiger, desto mehr Wörter gibt es. Dass es bei den Eskimos mehr als 70 verschiedene Bezeichnungen für die Farbe Weiß gibt und bei Buschbewohnern eine mindestens ebenso große Zahl von Grünvarianten gibt, haben wir an anderer Stelle bereits erwähnt. Noch in den 50er-Jahren gab es im klassischen Arabisch mehr als 6.000 Wörter, die sich auf das Kamel bezogen. Von diesen Bezeichnungen hat sich heute nur noch ein Bruchteil erhalten, einfach weil das Kamel an Bedeutung verloren hat. In Japan gibt es eine riesige Bandbreite an Umschreibungen für das Wort nein, da es in Japan sehr unhöflich ist, ein schroffes Nein zu äußern.

Auch die Lautstärke, in der gesprochen wird, ist von Land zu Land unterschiedlich. Am lautesten sprechen wohl die Amerikaner. Sie haben auch nichts dagegen, wenn ihre Umgebung mithört. Im Gegenteil, eine solcher Art transparente Kommunikation zeigt, dass man nichts zu verbergen habe. In einem krassen Gegensatz dazu stehen die Engländer, die streng darauf achten, dass nur der ausgewählte Empfänger die gesprochene Botschaft empfangen kann. Es gilt in England als unschicklich, so laut zu sprechen, dass andere die Gespräche mithören können. Engländer richten ihre Sprache sehr direkt auf ihren Gesprächspartner und berücksichtigen dabei Geräuschpegel und Distanz. Gerade das macht Amerikanern englische Konversation so suspekt. Sie werten dieses Verhalten gleich als konspirativ und vermuten schnell eine Verschwörung. Umgekehrt gehen Asiaten oft davon aus, dass laut sprechende Amerikaner verärgert wären.

Sprechgeschwindigkeit

Große Unterschiede gibt es auch in der Sprechgeschwindigkeit. Finnen zum Beispiel leiden oft unter dem Vorurteil, als schwerfällig eingeschätzt zu werden. Sie sprechen meist sehr bedächtig, langsam und machen längere Sprechpausen. Dies hat aber nichts mit ihrer Denkgeschwindigkeit zu tun, sondern eben mit ihrer Sprachkultur. Schwerfälligkeit sagt man auch sehr zu Unrecht den Schweizern nach. Diese reden in der Regel zwar wirklich ziemlich langsam, aber nur wenn sie sich bemühen, Hochdeutsch zu sprechen. Dies ist aufgrund der unterschiedlichen Phonetik sehr mühsam für die Schweizer. Hört man sie dagegen in ihrem eigenen Idiom plaudern, ist man über die behende Geschwindigkeit erstaunt, mit der sie dies tun.

Südländer sprechen meist schneller als die Bewohner des Nordens, benutzen dabei aber auch mehr Wörter, um einen vergleichbaren Informationsgehalt zu vermitteln. Sie neigen mehr als die Nordländer dazu, Füllwörter ohne „Informationsbits" zu verwenden (Redundanz).

Südländer sprechen meist schneller als die Bewohner des Nordens

Rhetorische Besonderheiten

In einigen Kulturen ist die Art und Weise des Sprechens und der Sprache viel wichtiger als der Inhalt dessen, was gesagt wird. Das gilt insbesondere für die Araber, bei denen das Reden an sich, die Melodie, die Tonmodulation, der Rhythmus, die Schönheit des Wortklangs hochgeschätzt sind. Wichtige Dinge werden hier übrigens nicht wie bei uns durch beson-

Araber paraphrasieren ihnen wichtige Dinge immer wieder

dere Lautstärke oder entsprechende Gestik betont, sondern dadurch, dass sie immer wieder paraphrasiert werden. Paraphrasieren bedeutet umschreiben, denselben Gedanken mit verschiedenen Worten zu wiederholen. Araber besitzen auch eine ausgesprochene Vorliebe für Wortspiele. Sie bestehen oft daraus, dass für dieselbe Bedeutung ein Vielzahl von unterschiedlichen Wörtern gebraucht wird. Die arabische Schrift- und Sprachkultur ist voll von Beispielen, die zeigen, dass weniger wichtig ist, *was* man sagt, sondern vielmehr, *wie* man es sagt.

Die Eigenart, Betonungen nicht durch Gesten oder Lautstärke hervorzuheben, findet sich übrigens auch in Japan. Besonders wichtige Punkte in Verhandlungen und Diskussionen werden mehrfach unter Verwendung von Umschreibungen wiederholt. Die stärkste rhetorische „Waffe“ der Japaner ist jedoch das Schweigen. Ein amerikanischer Professor berichtet dazu Folgendes (zitiert nach Maletzke 1996): *„Eines Tages hatte ich an einer langen Fakultätssitzung teilgenommen, wobei ich selber japanisch sprach. Beim Verlassen der Sitzung sagte ich zu einem japanischen Kollegen, die Fakultät sei doch eindeutig zu diesem und zu jenem Entschluss gekommen. ... Der japanische Kollege stimmte höflich zu, bemerkte aber schließlich: All dies mag stimmen und dennoch irren Sie sich. Die Sitzung kam exakt zu dem entgegengesetzten Beschluss, Sie haben zwar alle gesprochenen Worte korrekt verstanden, aber was Sie nicht verstanden haben, war das Schweigen zwischen den Worten.“*

Die stärkste rhetorische „Waffe“ der Japaner ist das Schweigen

Es kann einem Europäer in Japan in der Tat durchaus passieren, dass er felsenfest davon überzeugt ist, dass in einem Meeting einstimmig und eindeutig ein Ja zu einem bestimmten Thema gefallen sei. In Wirklichkeit hieß es aber Nein und zwar deswegen, weil viel geschwiegen wurde.

Wenn in Japan in einer Gruppe geschwiegen wird, so ist dies aber auch ein Zeichen großer Vertrautheit. Für Amerikaner dagegen ist das Schweigen äußerst unangenehm. Sie neigen dazu, in Gesellschaft immerzu – und dies auch bei den Mahlzeiten – zu reden.

SPRECHERWECHSEL

Sehr verschieden ist von Kultur zu Kultur auch die Art des Sprecherwechsels. In den USA wartet man in der Regel ab, bis der Gesprächspartner seinen Beitrag beendet hat. Erst dann trägt man seinen Teil zum Dialog bei. Wer aber in Brasilien oder Italien auf seinen Einsatz wartet, der wird nie zum Reden kommen. Dort sind die Redebeiträge überlappend, es gilt auch nicht als unhöflich, dem anderen ins Wort zu fallen. Im Gegenteil, ein solches Vorgehen zeigt das starke Engagement und das Interesse an einer Diskussion.

überlappende Redebeiträge in Italien oder Brasilien

NONVERBALE KOMMUNIKATION

Auch wenn wir nicht sprechen, kommunizieren wir. Dies gilt selbst dann, wenn wir Kommunikation verweigern, denn auch dies ist schon ein Signal, das dem anderen kommuniziert, dass man mit ihm nicht zu sprechen wünscht. Damit hat man schon eine Botschaft übermittelt. *„Man kann nicht nicht kommunizieren“*, lautet eine bekannte Aussage des Psychologen Paul Watzlawick.

Neben der Sprache haben wir folgende nonverbale Kommunikationsmöglichkeiten:

NONVERBALE KOMMUNIKATIONSMÖGLICHKEITEN

- Körpersprache
- Raum, Distanz
- Äußere Erscheinung
- Körperhaltung
- Kopfbewegungen
- Mimik und Gestik
- Blickkontakt

Als besonders interessantes Beispiel für die Verschiedenartigkeit von Ausdrucksgebärden gilt insbesondere die Gestik. Hier geht es nicht nur darum, dass manche Kulturen zu einer sehr gestenreichen Kommunikation neigen (z.B. Italiener) und es in anderen (z.B. Japan) geradezu unhöflich ist, das Gesagte mit einer ausladenden Gestik zu begleiten.

Es geht vielmehr auch um die völlig verschiedenartige Bedeutung von identischen Gesten. Die Geste, mit der wir zum Beispiel in Deutschland andeuten wollen, dass jemand „einen Kopf kürzer“ gemacht wurde (schnittartige Drehung der flachen Hand am Hals bzw. Kinn vorbei), bedeutet in Polen, der russischen Föderation und der Ukraine, dass jemand betrunken sei. Die Geste deutet hier an, dass jemand „den Hals voll“ habe.

völlig verschiedenartige Bedeutung von identischen Gesten

Noch variantenreicher ist die Bedeutung von zu einem Ring geformten Daumen und Ziegefinger.

UNTERSCHIEDLICHE BEDEUTUNG VON GESTEN

Der zu einem Ring geformte Daumen und Zeigefinger bedeutet in

NORDAMERIKA und NORDEUROPA	okay, gut
BELGIEN und TUNESIEN	Null
JAPAN	Geld
SÜDAMERIKA	Perfektion
FRANKREICH	superbe, lecker
ITALIEN	Nachfrage: *„Wovon sprichst du?“*; aber auch Zeichen für Gerechtigkeit
vielen Ländern	sexuelle Beleidigung (Symbol für Anus)

Wenn wir in Europa uns selbst meinen, so deuten wir mit dem Zeigefinger auf unsere Brust. Diese Geste erscheint zum Beispiel Japanern recht seltsam, denn sie legen zu diesem Zweck den Zeigefinger auf die Nase. Wenn Deutsche etwas besonders betonen möchten, so benutzen sie dazu gerne den Zeigefinger. Dieser wird entweder erhoben oder „hackt“ während des Sprechens in Richtung eines abwärts imaginären Punktes. In Indien wirkt diese Geste grob beleidigend, da sie als autoritär gilt. Inder breiten zu demselben Zweck ihre Hände aus und weisen mit geöffneten Handflächen nach oben.

Auch das Lachen wird ganz unterschiedlich eingesetzt und verstanden. In westlichen Kulturen ist es Zeichen von Heiterkeit, in Asien lacht man auch aus Verlegenheit oder in brenzligen Situationen.

Verlegenheitslachen in Japan und China

Viele Missverständnisse zwischen „Westlern“ und Asiaten entstehen dann, wenn die ersteren einen in Asien verpönten Wutausbruch zeigen. Damit haben sie nach asiatischer Auffassung „ihr Gesicht verloren“ und dies wird in Japan und China mit einem Verlegenheitslachen quittiert. Das steigert natürlich den Zorn eines in diesen Dingen unerfahrenen Europäers oder Amerikaners ins Unermessliche. Mancher

„westliche“ Chef ist schon an seiner Führungsaufgabe verzweifelt, wenn er seine asiatischen Mitarbeiter maßregelte, indem er sie auf Fehler hinwies und Schuldzuweisungen anstellte. Dieses Vorgehen ist bei uns gang und gäbe, Führungskräfte versprechen sich davon eine Verbesserung der kritisierten Mängel. Es ist aber in Japan beispielsweise völlig unüblich, bei auftretenden Problemen akribisch herauszufinden, wer denn nun schuld an dem Malheur sei. Dort geht es lediglich darum, den Mangel schnell und effektiv zu beseitigen. Der zurechtgewiesene Mitarbeiter wird nun in seiner Not zu lachen beginnen, was aus westlicher Sicht eine schwer wiegende Provokation darstellt.

kulturspezifische Unterschiede beim Blickkontakt

„Augenfällig“ sind kulturspezifische Unterschiede auch beim Blickkontakt. In westlichen Kulturen gilt direkter Blickkontakt als tugendhaft und charakterfest. *„Du kannst mir nicht in die Augen schauen“* ist ein Synonym für *„Du hast ein schlechtes Gewissen“*. Menschen, die keinem Blickkontakt standhalten können, gelten bei uns als unaufrichtig. In Asien dagegen gilt direkter Augenkontakt als unhöflich. Manche Kulturen verbieten sogar, dass Frauen anderen Menschen, insbesondere Männern in die Augen sehen. Dies ist nur bei dem eigenen Ehemann erlaubt. In Afrika ist es unschicklich, Autoritäten anzustarren. Untergebene vermeiden deshalb bei Höhergestellten den direkten Augenkontakt. Das bringt Afrikaner, die sich vor deutschen Gerichten zu verantworten haben, in arge Bedrängnis. Wenn der Richter eine Frage stellt und die Antwort erfolgt von jemandem, der dabei die Augen niederschlägt, so wird dessen Aussage in der Regel in ihrem Wahrheitsgehalt angezweifelt.

In Asien gilt direkter Augenkontakt als unhöflich

2.2.8 Wertorientierung und Menschenbild

Unter „Werten“ in einer Gesellschaft versteht man im Wesentlichen die Einigung der Menschen darauf, was als gut und was als böse zu gelten hat. Zum Bespiel: Einander umzubringen ist böse, einander zu helfen ist gut. Immer die Wahrheit zu sagen, ist eine Tugend, verlogen zu sein, eine Untugend.

Die Lehre, die sich mit diesen Werten beschäftigt und entsprechende Normen feststellt, aber auch vorschlägt, ist die Ethik. Verschiedene Epochen, verschiedene Kulturen folgen unterschiedlichen Ethiken. Viele Verhaltensweisen, die in bestimmten historischen Situationen oder aktuell in bestimm-

unterschiedliche Werte in verschiedenen Kulturen und Zeitaltern

ten Ländern toleriert würden oder gar als besonders tugendhaft gelten, brächten ihrem Ausführenden zu einer anderen Zeit oder an einem anderen Ort mehrjährige Haftstrafen ein. Der Mensch hält aber stets die Ethik, die ihm durch seine Umgebung und Tradition vermittelt wurde, für die einzig richtige und naturgegebene. Niemand würde heute dafür Verständnis aufbringen, dass zum Beispiel im Mittelalter in deutschen Landen die Heiratsfähigkeit von Mädchen bei zwölf Jahren lag. Genauso wenig kann man im Iran auf Gnade hoffen, wenn man sich dort beim Genuss von Alkohol erwischen lässt. Da hilft dann auch kein Verweis mehr darauf, dass in Deutschland Alkohol sogar in der Kirche bei Gottesdiensten getrunken wird.

Der Begriff „Werte“ beschränkt sich nicht nur auf Sitte und Moral. Er antwortet darüber hinaus auf folgende Fragen:

FRAGEN DES WERTBEGRIFFS

- Was ist der Mensch? Was ist sein Wesen, seine Natur?
- Wie ist sein Verhältnis zur Natur?
- Welche Arten und Formen von „Aktivität“ lassen sich unterscheiden?
- Wie gestalten sich die Beziehungen zwischen Menschen?

Im Folgenden wollen wir nun detailliert auf diese Fragen eingehen. Um den Rahmen überschaubar zu halten, wollen wir uns dabei auf den „Ost/West-Gegensatz“ beschränken. Hier sind im Wesentlichen „westliche“ Zivilisationen gegenüber asiatischen gemeint. Im Wesentlichen trifft das, was über Asien gesagt wird, aber auch für orientalische, teilweise auch für lateinamerikanische Kulturen zu.

WAS IST DER MENSCH? WAS IST SEIN WESEN, SEINE NATUR?

Nordamerika steht immer noch unter dem Einfluss des Puritanismus. Nach dessen Weltbild ist der Mensch zunächst einmal schlecht. Er ist unvollkommen, sündhaft und droht stets, Versuchungen zu erliegen. Es besteht aber noch Hoffnung: Er kann durch Selbstdisziplinierung auf dem Pfad der Tugend wandeln, unterliegt aber beständig der Gefahr eines Rückfalls.

Diese Einstellung entspricht auch im Wesentlichen dem christlichen Menschenbild. Gegenwärtig ist jedoch eine Akzentverschiebung zu beobachten, der Mensch wird nicht mehr gar so negativ eingestuft, sondern man spricht ihm positive Grundeigenschaften zu, die sich mit den negativen in etwa die Waage halten.

aktives versus fatalistisches Menschenbild

Grundsätzlich herrscht im Westen ein aktives Menschenbild. „Jeder ist seines Glückes Schmied" und kann durch gezielten Einsatz seiner Fähigkeiten und Kenntnisse viel oder gar fast alles erreichen.

Im „Osten" ist man da etwas fatalistischer. Der Mensch ist, wie er ist, und das nicht gerade perfekt. Er kann zwar an sich arbeiten, aber letztlich ist er den Schicksalsmächten ausgeliefert, mit denen er sich arrangieren muss. Vielfach ist der Weg hier das Ziel. Der Mensch kann nur hoffen, dass er durch spirituelle Betätigung in Einklang mit den übergeordneten Mächten lebt.

WIE IST SEIN VERHÄLTNIS ZUR NATUR?

Im Verhältnis des Menschen zu der ihn umgebenden Natur ist die klassische Dreiteilung zu beobachten:

- Unterwerfung unter die Natur,
- Harmonie mit der Natur,
- Beherrschung der Natur.

Unterwerfung ist eine Haltung, die besonders in weniger „aufgeklärten" Kulturen anzutreffen ist. In diesem Kontext stehen Bereiche der südamerikanischen sowie der ländliche Raum der orientalischen Kulturen. Dort steht man zum Beispiel Naturkatastrophen relativ passiv gegenüber. Den Menschen erscheint es als sinnlos, sich dagegen zu schützen. Solche Ereignisse werden als unvermeidlich angesehen.

zyklisches versus ...

Harmonie und Einklang mit der Natur ist die Maxime vieler indianischer Kulturen, sie ist auch bei den Eskimos, aber auch in China und Japan angestrebt. Natur wird als zyklisch erlebt und begriffen und der Mensch versucht sich dementsprechend in den Naturkreislauf einzupassen und nicht gegen ihn zu arbeiten.

... lineares Naturverständnis

Beherrschung der Natur ist die vorherrschende Weltsicht des „Westens". *„Macht euch die Erde untertan"*, heißt es in der Bibel. Europäer und Nordamerikaner handeln nach der

Maxime, dass die Natur zu bezwingen sei. Die Natur wird ausgebeutet, Krankheiten und Tod werden „bekämpft". Vor dem Hintergrund eines linearen Verständnisses liefert die Natur die für die Erreichung menschlicher Ziele notwendigen Ressourcen.

WELCHE ARTEN UND FORMEN VON AKTIVITÄT LASSEN SICH UNTERSCHEIDEN?

Welche Bedeutung misst eine Gesellschaft dem „Tun" bei?

Im Rahmen der Analyse des Begriffs der Aktivität geht es um die Frage, welche Bedeutung eine Gesellschaft dem „Tun" beimisst. Es gibt Kulturen, die aus einer ethischen oder religiösen Motivation heraus den steten Drang verspüren, aktiv zu sein, sich zu bewegen, zu arbeiten, geistige und materielle Werte zu schaffen. Dazu gehören insbesondere westliche Zivilisationen mit ihrem Credo *„ora et labora"* (bete und arbeite).

Das ist nicht überall so. Die traditionelle mexikanische Gesellschaft beispielsweise verspürt überhaupt nicht den Drang, ständig irgendetwas tun zu müssen. Sie ist besonders dann glücklich, wenn alles so bleibt, wie es ist, an Entwicklungen ist man nicht sonderlich interessiert.

Dann gibt es Kulturen, die zwar eine Entwicklung hin zur Perfektion anstreben, dies aber ausschließlich auf „innere Werte" beziehen. Extrembeispiele sind hierfür die Mönche kontemplativer Orden in ihrem Streben nach Vervollkommnung, innerer Harmonie und Geringschätzung des Materiellen. Sie dienen insbesondere Gesellschaften zum Vorbild, bei denen die Industrialisierung westlichen Typs noch nicht oder noch nicht lange fortgeschritten ist.

unterschiedliche Einstellungen zur Arbeit in verschiedenen Kulturen

Am besten zeigen sich die unterschiedlichen Aktivitätskonzepte an der Einstellung zur Arbeit. Hier zeigen sich erhebliche kulturelle Unterschiede. Angehörige „westlicher Kulturen" haben zum Beispiel kein Problem damit, mit anzupacken, wenn irgendwo ihre Hilfe benötigt wird. So könnte man es sich durchaus vorstellen, dass ein Abteilungsdirektor selbst die Ärmel hochkrempelt, um bei einer Paketlieferung Kartons zu tragen, die sonst etwa die Straße verstopfen würden.

In Asien dokumentiert körperliche Arbeit die Zugehörigkeit zu einem niedrigen Stand

In vielen anderen Kulturen wäre eine solche Haltung undenkbar. Dies gilt nicht zuletzt für Asien, aber auch Gesellschaften des Orients. Wer hier körperlich arbeitet und sei es auch nur kurzfristig, der dokumentiert damit die Zugehörigkeit zu einem niedrigen Stand. In Asien gilt es als gesellschaftliches Privileg, jede Art von körperlicher Arbeit von Untergebenen erledigen zu lassen. Wer selber mit anfasst, „verliert sein Gesicht".

Verstehen lässt sich diese Haltung, wenn man asiatische Traditionen betrachtet. Reichtum bemaß sich hier nicht wie bei uns in Grundbesitz und Vermögen, sondern vor allem in der Möglichkeit, andere für sich arbeiten zu lassen. Als Ideal galt die reine Kopfarbeit, die als niedrig eingestufte körperliche Arbeit hatten die armen, grundbesitzlosen Schichten oder gar Sklaven zu erledigen. Dies galt sowohl für das chinesische Mandarinat, die indische Brahmanenkaste, aber auch für viele buddhistische Religionsgemeinschaften und hier sogar die Mönche, deren einzige Aufgabe im Beten bestand.

Wie gestalten sich die Beziehungen zwischen Menschen?

In Bezug auf die Art und Weise der Gestaltung zwischenmenschlicher Beziehungen lassen sich drei grundsätzliche Kategorien unterscheiden:

- die lineare,
- die kollaterale und
- die individualistische

Ausrichtung.

Linear ausgerichtete Gesellschaften betonen biologische und soziale Faktoren wie Familie, Sippe, Generation

In linear ausgerichteten Gesellschaften werden biologische und soziale Faktoren wie Familie, Erbfolge, Sippe, Generation usw. betont. Als Beispiel kann hier der englische Adel gelten.

Die kollaterale Ausrichtung geht dagegen über die rein familiären Bindungen hinaus und stellt den Menschen in weitergehende soziale Zusammenhänge wie Dorfgemeinschaft, Nation und andere übergeordnete soziale Identifikationsmerkmale.

Der Westen betont den autonomen Wert des Individuums

Die individualistische Orientierung betont den autonomen Wert von Individuen, die im Prinzip frei von vorgegebenen sozialen Bindungen agieren und letztlich nur sich selbst verantwortlich sind. Diese Haltung ist besonders in westlichen Industrienationen anzutreffen. Es gibt aber selbst hier feine Differenzierungen, Südeuropäer beispielsweise leben noch in starken Gruppen- und Familienbindungen. Eine solche Gruppenorientierung ist in Nordeuropa und Nordamerika nicht anzutreffen.

Die in Nordamerika vorherrschende Wertorientierung ist durch Individualismus, Ziel- und Zukunftsorientierung, Aktivität und Konkurrenz gekennzeichnet. Der Mensch wird als ein Wesen aufgefasst, dass durch Arbeit seine Situation verbessern kann und muss. Dementsprechend gilt es die Natur zu überwinden und sich dienstbar zu machen und definiert sich die Stellung einer Person hauptsächlich durch ihre berufliche Position. Technologie, Wirtschaft, Sport und Wettbewerb haben einen hohen Stellenwert.

Ganz anders dagegen die spanisch-amerikanische Kultur im Südwesten der USA. Hier bestimmen Gegenwartsorientierung, das Leben im Hier und Jetzt und die Einordnung in die Natur den Alltag. Religion und Unterhaltung werden hoch geschätzt.

Sachorientierung im Westen versus Beziehungsorientierung im Osten

Ein weiteres Unterscheidungsmerkmal im Rahmen der Analyse der Gestaltung menschlicher Beziehungen ist die Frage, wie Verpflichtungen und Verantwortlichkeiten zustande kommen.

Dem Individualismus in westlichen Gesellschaften korrespondiert grundsätzlich eine Sachorientierung. Man richtet sein Denken und Handeln auf Sachfragen und die Erreichung objektivierbarer Ziele aus. Zwischenmenschliche Beziehungen und Loyalitäten sind in der Regel nachrangig, da das oberste Entscheidungskriterium sachliche Erwägungen darstellen.

Im Osten werden die Beziehungen dagegen von der Loyalität gegenüber einzelnen Personen oder sozialen Gruppen dominiert. Der Einzelne stellt seine eigenen Belange zugunsten des Wohls des Kollektivs zurück. Man fühlt sich allein bestimmten ranghöheren Personen oder Bezugsgruppen verpflichtet.

Ist man als Westler also beispielsweise in ein Projekt in Asien eingebunden, tut man gut daran, nicht ausschließlich auf sachliche Argumente zu pochen, sondern auch die jeweiligen Beziehungs- und Loyalitätsgeflechte der beteiligten Einheimischen mit zu berücksichtigen.

Die folgende Übersicht versucht noch einmal die Unterschiede in den menschlichen Beziehungen exemplarisch auf den Punkt zu bringen.

i

Exemplarische Unterschiede zwischen westlichen und östlichen Kulturen

	Westen	Asien
Selbstwahrnehmung des Ichs und des Individuums		
• Grundeinstellung/ Selbstverständnis des Individuums	Der Mensch als selbstständiges Individuum.	Der Mensch als Mitglied einer Sippe oder Familie.
• Das Ich und die Gesellschaft	Das Individuum ist autonom, löst seine eigenen Probleme, entwickelt eigene Meinungen.	Das Ich ist abhängig, Bezugspunkt sind Autoritäten (Herrscher, Honoratioren, ältere Familienmitglieder).
• Die Natur des Menschen	Schlecht, aber verbesserungsfähig durch Arbeit und persönliche Entwicklung.	Schlecht, schicksalsabhängig ohne persönliche Verbesserungsmöglichkeiten.
Wahrnehmung der Welt		
• Das Verhältnis des Menschen zur Natur	Mensch und Natur als Gegensatz, Natur wird als Ressource ausgebeutet (lineares Naturverständnis).	Mensch und Natur sind zwar gegensätzlich, der Mensch versucht aber in Harmonie mit der Natur zu leben (zyklisches Naturverständnis).
• Materialismus und Eigentum	Klare Trennung zwischen öffentlichem und privatem Eigentum. Hohe Wertschätzung des Materiellen.	Öffentliches Eigentum wenig anerkannt, wenn Gruppeninteressen dagegenstehen. Spirituelle Werte stehen über materiellen Werten.
• Die Wahrnehmung von Zeit	Die Zeit vergeht schnell, ist kostbar und will effizient genutzt sein.	Die Zeit vergeht langsam, man muss sich ihr fügen, statt sie für Veränderungen zu verwenden.
• Verhältnis zu den Ressourcen	Es sind genügend Ressourcen für alle da, Markt und Wettbewerb entscheiden über die Verteilung (Vorstellung unbegrenzten Wachstums).	Ressourcen sind begrenzt, wer sich bereichert, nimmt den anderen etwas weg.

• Verhältnis von Qualität und Quantität • Einstellung zu fremden Kulturen	Betonung des messbaren Erfolgs und der Quantität. Was nicht westlich ist, ist schlecht und rückständig.	Primat von Qualität und Zufriedenheit. Was nicht asiatisch ist, ist anders, aber nicht unbedingt schlechter.
MOTIVATION		
• Erfolg als Selbstmotivation • Individuum und Rollenverhalten	Erfolg ist das Ergebnis persönlicher Leistung. Individuum kann mehrere Rolllen spielen, die voneinander unabhängig sind. Teamwork ist auch möglich, ohne dass eine Person insgesamt akzeptiert wird. Akzeptanz einer Rolle (z. B. Chef) reicht aus.	Erfolg verdankt sich einem sozialen Beziehungsgeflecht. Personen werden immer ganzheitlich betrachtet und akzeptiert bzw. abgelehnt. Rollen-Splitting (z. B. gute Führungskraft, aber schlechter Charakter) wird nicht akzeptiert.
• Wettbewerb und Konkurrenzdenken	Wettbewerb ist der primäre Motivationsfaktor.	Zu starkes Konkurrenzdenken stört die Harmonie innerhalb von Gruppen.
• Erfolg und Schicksal	„Wo ein Wille ist, ist ein Weg". „Nichts ist unmöglich".	Erfolg ist das Ergebnis wohlwollender Schicksalsmächte.
SOZIALE BEZIEHUNGEN		
• Charakter von sozialen Beziehungen	Zahlreiche, eher oberflächliche Freundschaften, nach Möglichkeit keine Abhängigkeitsverhältnisse (Sachorientierung).	Dauerhafte soziale Beziehungen mit starken Abhängigkeiten (Beziehungsorientierung).
• Konfliktlösungs-Kultur	Offene und direkte Konfrontation bei Konflikten.	Keine offene Konfrontation. Konfliktaustragung immer nach der Maxime „Gesicht wahren".
• Verhältnis zu gesellschaftlichen Konventionen und Konformität	Pragmatischer Umgang mit gesellschaftlichen Konventionen.	Strenger Formalismus. Gesellschaftliche Konventionen sind bindend.

• Arbeitsteilung und Mitbestimmung	Spezialisten arbeiten im Team eigenverantwortlich und haben Entscheidungsspielräume.	„Führer"-Prinzip. Untergebene folgen und arbeiten auf Anweisung, keine Eigenverantwortung.
Arbeits-Ethos • Entscheidungs-Kompetenzen	Hohe Entscheidungsspielräume von Individuen, Teammitglieder fühlen sich verantwortlich für Gruppenentscheidungen.	Vorgesetzte treffen Entscheidungen. Gibt es dennoch Gruppenentscheidungen, orientieren sich diese stets an Einzelautoritäten oder Kerngruppen.

2.2.9 Kulturelle Unterschiede: Farbsymbolik

In allen Religionen und Kulturen spielen Farben immer schon eine identitätsstiftende Rolle. Riten und Gebräuche werden von bestimmten Farben begleitet, haben aber in den verschiedenen Gesellschaften unterschiedliche Bedeutungen.

identitätsstiftende Rolle von Farben

In allen Religionsgemeinschaften nimmt die Symbolkraft der Farben eine besondere Rolle ein, dies jedoch in unterschiedlicher Intensität. Während in westlichen Kulturen beispielsweise die protestantischen Religionsgemeinschaften bewusst auf besonderen Farbenschmuck und Buntheit verzichten, finden wir in der katholischen und in der orthodoxen Kirche, aber auch in Tempeln und Moscheen, farbenprächtig ausgeschmückte Gotteshäuser und Kathedralen.

Farben können auch die Funktion von Rollenzuweisungen übernehmen. In älteren Kulturen finden wir eine fein differenzierte Farbsymbolik, die die Farben bestimmten Ereignissen im Leben der Menschen zuordnet. Geburt, Hochzeit, Tod, Jagd und Krieg hatten ihre ganz spezifischen Farbzuweisungen.

Farben können auch die Funktion von Rollenzuweisungen übernehmen

In Indien dienen die Farben dazu, die verschiedenen Kasten voneinander unterscheiden zu können.

In der Literatur, im Film oder im Theater erscheinen die „Guten" oft in Weiß, das Böse dagegen ist schwarz gekleidet.

In asiatischen Schattenspielen hat jeder Charakter eine eigene Farbe: *„Ein schwarzes Gesicht mit goldenem Körper zeigt einen Krieger in äußerster Anspannung, ein grünes Gesicht dagegen gehört zu einem niedrigen Charakter. Adel* *und Wissen leben in weißen Gesichtern, nackte Gier dagegen in den roten und Anmaßung in den gelben Gesichtern.“* (Weggel 1997)

In der traditionellen chinesischen Kultur wurde die Braut in Rot und Grün gewandet, die Witwe in ungebleichten Hanf und die normale Hausfrau in schwarzblau. Bei anderen Naturvölkern dagegen trug die Braut einen bunten, die Witwe einen schwarzen und die Hausfrau einen ungebleichten Grasrock.

bestimmte Hauptfarben stehen für bestimmte Begriffe und Gemütsbefindlichkeiten

Seit jeher werden den Hauptfarben bestimmte Begriffe und Empfindungen zugeordnet, wobei es je nach Zeit und Volk teilweise zu verschiedenen Deutungen kommt.

Diese Zuordnung führt zur Auslösung bestimmter Gefühle, da der Mensch im Laufe seines Lebens mit jeder Farbe spezifische Erfahrungen verbindet. An diese Erfahrungen erinnert er sich, wenn er eine Farbe wahrnimmt. Dadurch werden unbewusste Reaktionen und Assoziationen ausgelöst. Die psychologische und symbolische Wirkung einer Farbe ist stark abhängig von Kultur und Tradition eines Landes.

Ein Beispiel: In Nordeuropa erleben wir Grün als eine alltägliche Farbe, die im Überfluss vorhanden ist. Grün ist weder Garantie für Wohlstand noch für ein besseres Leben. Bei einem Volk jedoch, dass in der Wüste lebt, symbolisiert Grün das Paradies und üppige Oasen.

Auch die Sprache ist stark beeinflusst durch das Farberleben eines Volkes. Eskimos kennen über 50 verschiedene differenzierende Wörter für „Schnee“, die Sprache der im Regenwald lebenden Pygmäen kennt 70 Bezeichnungen für die Farbe Grün.

Farben werden kulturell unterschiedlich wahrgenommen und bezeichnet

Obwohl das menschliche Farbsehvermögen vom Aufbau unseres Auges, der Struktur der Sehorgane und der Art der Verarbeitung durch die entsprechenden Gehirnregionen abhängt, also physiologisch bei jedem nornalsichtigen Menschen gleich ist, ist das Farbempfinden in den unterschiedlichen Kulturen jeweils anders entwickelt und gegliedert. So hat jeder Kulturraum eine unterschiedliche Vielfalt von Farbwörtern ausgeprägt, die jeweils einem unterschiedlich erfahrenen Bedeutungsbereich zugeordnet sind.

DIESE UNTERSCHIEDLICHE BEDEUTUNG VON FARBWIRKUNGEN IN VERSCHIEDENEN KULTUREN MÜSSEN WIR KENNEN UND BEACHTEN, WENN WIR NICHT IN FETTNÄPFCHEN TRETEN WOLLEN.

So wäre eine weiße Geschenkverpackung in einigen asiatischen Ländern ein ebenso schlimmer Fauxpas wie in Ägypten in einem schwarzen Anzug zu erscheinen. In Asien ist Weiß die Farbe des Todes, in Ägypten werden schwarze Anzüge ausschließlich bei Beerdigungen getragen.

Die Bedeutung der Farben im Einzelnen:

- Weiss

Christliche Kulturen: Psychologische Assoziation in christlichen Kulturen: vollkommen, rein, ideal, gut, sachlich, klar, unschuldig, ehrlich. Die Trauer in Weiß hat etwas Messianisches, Hoffnungsvolles, bei den Katholiken und Israeliten symbolisiert sie Heiligkeit.

Die neu getauften Christen trugen weiße Kleider. Weiß ist die Farbe der Theophanie, der Gotteserscheinung. Daher verbinden sich mit „weiß“ Vorstellungen von „vollkommenener Reinheit“, Verklärung, ewiger Herrlichkeit. Der Papst genießt das besondere Vorrecht, einen weißseidenen Talar tragen zu dürfen.

In Asien und im Orient ist Weiß die Farbe des Todes und der Trauer.

In Asien und im Orient ist Weiß die Farbe des Todes und der Trauer

Islam: Im Islam wird der Verstorbene vor der Grablegung in weiße Tücher gehüllt. Als besonders ehrenvoll gelten zu diesem Zweck verwendete weiße Gewänder, die schon Jahre zuvor in Besitz des Toten gewesen sind und die nach Möglichkeit als Pilgergewand in Mekka getragen wurden. Weiß gilt auch als Farbe der Einheit aller Farben und der Göttlichkeit. Der Körper des Engels Gabriel, der nach dem Koran Muhammad die Offenbarung Allahs überbrachte, war von weißer Farbe, seine Flügel grün. Auch Hochzeitskleider sind heute meist weiß.

- Schwarz

Islam: Schwarz hat im Islam eine gewichtige mythologische Bedeutung, es ist die Farbe des Steins im höchsten islamischen Heiligtum, der Kaaba in Mekka. Dieser geheimnisvolle Stein befindet sich in der Ostecke der Kaaba. Schwarz ist auch die Farbe des Tuches, das die Kaaba bedeckt (die Kiswa).

Schwarz weckt jedoch nicht nur positive Konnotationen. Es wird auch mit allem Negativen verbunden: unaufrichtige Menschen, schlechte Nachrichten, Finsternis, Fluchen.

Im Islam ist Schwarz die Farbe der Hölle

Schwarz ist auch die Farbe der Hölle, deswegen wird in Teilen der islamischen Welt vermieden, den Begriff für „Schwarz“ auszusprechen. Schwarz wird mit Rache und Aufruhr verbunden. Eine schwarze Wolke gilt als Zeichen des Zornes Gottes. Schwarz ist allerdings nicht die Farbe der Trauer (Ausnahme Ägypten, aber auch hier nur in Bezug auf schwarze Anzüge).

WESTEN: Im Westen steht Schwarz für alle negativen Gefühle und Handlungen wie z.B. Trauer, Einsamkeit. Melancholie, Bosheit, unerlaubter Handel, unerlaubtes Arbeiten. Aber auch für Eleganz, Understatement, exquisiten Geschmack, modern, sachlich, eindeutig, funktional.

In der Kirche steht es für orthodoxe Richtungen, besonders im Katholizismus und seinen politischen Erscheinungen. Die großen Amtskirchen messen der Farbe schwarz eine intensive Bedeutung zu. In der katholischen Kirche an Karfreitag und bei Messen für Verstorbene. In der evangelischen Kirche an Karfreitag, Karsamstag und Trauertagen.

Im Westen ist Schwarz meist mit negativer Symbolik verbunden

Symbolisch wird Schwarz meist negativ gefasst, als verbunden mit der undifferenzierten Finsternis von Anfang, Nacht, Vernichtung, Tod und Totenreich. Es stellt daher die Trauerfarbe in Potenz dar. Die Trauer in Schwarz ist Trauer ohne Hoffnung, der Fall ins Nichts ohne Wiederkehr. Schwarz ist die Farbe des Verzichts auf die Eitelkeit der Welt, die Abtötung der sinnlichen Lust, der Weltverachtung und Demut.

SCHWARZ UND WEISS VERKÖRPERN DIE PRINZIPIEN LICHT UND FINSTERNIS, GUT UND BÖSE, LEBEN UND TOD, DIE GRÖSSTEN GEGENSÄTZE ÜBERHAUPT.

Schwarz polarisiert: Bei vielen Menschen ist es sehr beliebt, bei vielen stößt es auf strikte Ablehnung.

Wie seine Gegenfarbe Weiß ist Schwarz von absolutem Wert: es kann Abwesenheit oder Summe, Negation oder Synthese der anderen Farben darstellen.

ASIEN: Grundlage wohl aller asiatischen Religionen ist die Auffassung, dass der Anfang der Weltwerdung aus dem schwarzen Nichts heraus begann.

In Indien umranden Mütter die Augen ihrer Kinder mit schwarzem Lampenruß, um sie vor dem „bösen Blick“ zu schützen.

- ROT

„Rot" ist die älteste Farbbezeichnung überhaupt. Sie ist die zweitbeliebteste Farbe mit gleichem Anteil bei Frauen und bei Männern. Sie erreicht den höchsten Aufmerksamkeitsgrad.

„Rot" ist die älteste Farbbezeichnung überhaupt

Rot bedeutet „Alarm". Fast alle Völker assoziieren Rot mit „Blut" und „Feuer". Begründet ist dies in „kollektiven Archetypen", das sind Urerfahrungen, die allen Menschen eigen sind und die sich aus frühester Menschheitsgeschichte bis heute mehr oder weniger unbewusst in den Köpfen festgesetzt haben. Entstanden ist dieser Erfahrungsschatz aus den immer zu besonderer Vorsicht nötigenden Erlebnissen mit Verletzungen (Blut) oder Feuer. Daher ist Rot auch die „Alarmfarbe", vgl. rote Ampel, Feuerwehr usw.

Rot steht symbolisch für Leben, Freude, Liebe, Feuer, aber auch für Scham und Zorn (bes. in der Kombination mit Schwarz), Leidenschaft, Aufregung, Impulsivität, Sexualität, Erotik.

Rot steht symbolisch für Leben, Freude, Liebe, Feuer, aber auch für Scham und Zorn

Das Tragen roter Bänder oder Tücher gehörte bei vielen Völkern zu den Hochzeitsbräuchen. Diese Tradition gab es schon in der Römerzeit: Die römischen Bräute wurden mit einem feuerroten Tuch umhüllt, noch heute tragen griechische, albanische und armenische Bräute rote Brautschleier.

In alten Ägypten war Rot eine kostbare Farbe, mit der sich die Töchter der Pharaonen schmückten.

Die Gewinnung der Farbe Rot war im Altertum eine höchst aufwändige Angelegenheit. Um ein wenig Purpurrot zu gewinnen, mussten Sklaven Tausende von Purpurschnecken sammeln, zerstampfen und zu Sud zerkochen. Daher war Rot ungewöhnlich kostbar, nur sehr wenige konnten sich den teuren Farbstoff leisten.

Im alten Rom war es lange Zeit allein dem Senat vorbehalten, eine rote Taga zu tragen. Rot war später die Farbe der Generale, des Adels, der Patrizier; folgerichtig wurde sie die Farbe des Kaisers. Die byzantinischen Kaiser waren völlig in rot gekleidet. So wurde Rot zum Sinnbild höchster Macht.

Rot ist auch die Farbe des Opferblutes Christi und überhaupt der Märtyrer, die ihr Blut für Christus vergossen. Daher bekunden die Kardinäle durch das Tragen der roten Farbe ihre grundsätzliche Bereitschaft, dem Beispiel der Märtyrer zu folgen. Als Farbe des Feuers sowohl Farbe der Liebe (daher zum Jünger Johannes gehörig) wie der Eroberung, des Machtbesitzes und darum Zeichen der feurigen Liebesgewalt des Heiligen Geistes.

JAPAN: In Japan bedeutet Rot Zorn und Gefahr, es ist die Farbe der Frauen.

In China ist Rot die Farbe des Reichtums

CHINA: Freude, festlicher Anlass, Glück und Reichtum. Hier schwingt noch die Bedeutung der Farbe Rot als etwas besonders Kostbarem mit. So wird etwa die Braut in einem roten Brautkleid und einer roten Sänfte zum Ort der Hochzeitsfeier getragen. Wird ein Kind geboren, überbringen die Nachbarn den frisch gebackenen Eltern rotgefärbte Eier, verbunden mit guten Wünschen auf zukünftigen materiellen Reichtum. Diese Bedeutung als „Farbe des Reichtums" ist schon aus dem alten China überliefert. Rot galt als die Glücksfarbe, die Kräfte und böse Geister vertrieb.

RUSSLAND: Auch in Russland steht die Farbe Rot für wertvoll und teuer.

KOREA: Eine ähnliche Assoziation ist in Korea zu beobachten. Wer dort einen Namen in Rot schreibt, signalisiert damit, dass die betreffende Person gestorben ist. Hier zeigt sich eine besondere Wertschätzung den Toten gegenüber. Der Verstorbene wird als besonders wertvoll und „teuer" verehrt.

AFRIKA: Rot gilt in manchen Gegenden Afrikas als Farbe des Lebens. Deshalb werden in bestimmten Regionen Zentralafrikas und Ozeaniens Kranke mit rotem Ocker bestrichen, um ihre Lebenskraft anzuregen. Bei den Ashanti im westafrikanischen Ghana ist Rot dagegen die Farbe der Trauer.

ISLAM: Rot gilt als Farbe des Blutes und des Lebens, aber auch der Gewalttat, des Leidens und der Gefahr. Bedeutung ähnlich wie im westlichen Kulturbereich.

- GRÜN

Grün steht für „ Natur" und „Leben". Frühling, Hoffnung werden ebenso assoziiert wie beginnende Liebe und Frische, aber auch Unreife.

Grün als Farbe der Hoffnung und der Treue

WESTEN: In westlichen Kulturkreisen ist es üblich, im Winter als Symbol der Hoffnung einen immergrünen Weihnachtsbaum in der Wohnung aufzustellen. Diese Sitte ist schon aus vorchristlicher Zeit überliefert. Der grüne Weihnachtsbaum versinnbildlicht aber auch die Tugend der Treue, wie es zum Beispiel noch der heute weitgehend unbekannte Ursprungstext des bekannten Weihnachtslieds „O Tannenbaum" beweist. Dort heißt es noch „...wie treu (nicht „grün") sind deine Blätter". Und diese Blätter, die uns nie verlassen, werden im alten Liedtext der Untreue der Menschen gegenüber gestellt

In Europa und den USA steht grün auch für Sicherheit und Sauberkeit.

Auf der grünen Insel Irland repräsentiert grün den Katholizismus.

Grün ist nicht nur die Farbe der Beschaulichkeit, sondern im christlichen Kontext auch die der Auferstehungserwartung. Das Grün der Natur im Frühling inspiriert und verwirklicht Hoffnung. Daher ist Grün die Farbe der Kardinaltugend Hoffnung und repräsentiert das Paradies. Die Künstler des Mittelalters malten das Kreuz Christi grün, als das Werkzeug der Erneuerung des Menschengeschlechts, die durch das Opfer Christi vollbracht wurde. Der Thron Gottes besteht nach Offenbarung 4,3 aus grünem Jaspis. Smaragdgrün ist die Farbe des Grals.

JAPAN: In Japan symbolisiert die Farbe Grün Zukunft, Jugend und Energie.

ISLAM: In Alt-Palästina trugen Bräute ein grünes Hochzeitskleid, um mit der Farbe die Hoffnung auf ein glückliches Leben und Fruchtbarkeit („guter Hoffnung" sein) anzuzeigen.

Anders als in Nordeuropa, wo Grün als alltägliche Farbe gilt, die im Überfluss vorhanden ist, symbolisiert Grün bei Wüstenvölkern das Paradies und üppiges Leben. Vom Propheten Mohammed ist der Satz überliefert: *„Das Anschauen des Grünen ist Gottesdienst"*. Daher ist Grün die Kultfarbe des Islam.

bei Wüstenvölkern symbolisiert Grün das Paradies und üppiges Leben

IN ALLEN ISLAMISCHEN LÄNDERN STEHT DIE FARBE GRÜN FÜR DIE MOSLEMISCHE RELIGION UND WIRD AUSSCHLIESSLICH IN RELIGIÖSEM ZUSAMMENHANG VERWENDET.

Im Westen steht Grün weder für Wohlstand noch für ein besseres Leben, im Orient dagegen versinnbildlicht es die allumfassende Lebenskraft. Grün steht hier für Erfolg, Glück, Hoffnung und Frieden.

Grün ist im Islam die am eindeutigsten festgelegte Farbe. Sie ist die „Farbe des Propheten" oder die „Farbe des Islam". Daher besteht die Nationalflagge Saudi-Arabiens aus einem arabischen Schriftzug mit dem islamischen Glaubensbekenntnis auf grünem Grund. Auch andere islamische Länder wie z. B. Pakistan oder Libyen verwenden grün in ihrer Flagge.

Grün ist im Islam allgemein die Farbe des Paradieses

Grün wird auch von Familien verwendet, die ihre Abstammung auf Mohammed zurückführen. Grün ist allgemein die Farbe des Paradieses. So trugen die Soldaten, die im Iranisch-Irakischen Krieg 1980-88 als Djihadkämpfer in den vordersten Schlachtreihen standen, grüne Stirnbänder. Wer im Djihad stirbt, dessen Seele geht nach überwiegender islamischer Auffassung sofort ins Paradies über. Grün findet auch häufig in Moscheen Verwendung. Koranexemplare sind oft in Grün (und Rot) gebunden. Wer in Syrien eine „grüne Hand" hat, der besitzt viel Baraka (Segenskraft; siehe Teil A, Kap. 2.3.3.1).

- Gelb

Gelb steht für Sonne, Licht, Wärme (schwächer als Rot), sauer, aber auch für Neid, Hass, Eifersucht. Diese negative Komponente erhält es als Farbe der Galle. Im religiösen Kontext ist es die Farbe des Verrats, des Judas. In manchen Epochen galt es als die Farbe der Juden, die deshalb im Mittelalter und während des Holocaust gelbe Kennzeichen tragen mussten.

In Europa und den USA ist Gelb die Farbe der Vorsicht

In Europa und den USA ist Gelb die Farbe der Vorsicht (vgl. „gelbe" Ampel)

Gelb wird auch oft als Farbe der Ewigkeit bezeichnet, da Gold als nichtrostendes Metall als „ewig" gilt.

Gelb ist die leuchtendste Farbe und assoziiert die Sonne, viele Religionen schrieben deshalb der Sonne eine zentrale Bedeutung zu und verehrten sie als lebensspendende Gottheit.

Viele Kulturen sagen der Farbe Gelb eine schützende Wirkung nach. In Indien trugen die Bräute vor der Hochzeit zerrissene, gelbe Kleider zur Vertreibung von bösen Geistern.

Im Orient, in Ägypten und in manchen Balkan-Ländern ist Gelb die Hochzeitsfarbe. In Russland dürfen keine gelben Blumen verschenkt werden, da sie Unglück verheißen.

Japan: In Japan steht Gelb für Würde, Adel, kindisch und freudig.

China: Ehre, königlich

Im Islam hat Gelb eine negative Konnotation

Islam: Gelb hat eine negative Konnotation. Es gilt als Symbol der Schwäche, der Feigheit, des Neides und des Verrats.

Juden und andere Minderheiten mussten unter islamischer Herrschaft wie im Westen teilweise gelbe Kleidung tragen.

Es steht aber auch in der Assoziation mit Gold für Glück und Wohlstand.

- BLAU

Umfragen ergaben, dass Blau die beliebteste Farbe darstellt. Sie wird in der Bevölkerung mit positiven Eigenschaften assoziiert: Sympathie, Harmonie, Freundlichkeit, Freundschaft, Treue, Ferne, Weite und Unendlichkeit.

Blau gilt als Farbe des Vertrauens und der Verlässlichkeit. Blau ist still und entspannend. Blau ist die Farbe des Adels, in der Politik steht sie für konservative Richtungen; bei der Kirche für „evangelisch" in katholischen Gegenden; bei den Israeliten für Gott, Himmel, Glauben und Offenbarung.

Blau gilt als Farbe des Vertrauens und der Verlässlichkeit

Blau wurde in der christlichen Malerei verwendet für die Farbe des Mantels Marias. Blau ist auch die Farbe der Jungfrau im Tierkreis sowie die des Firmaments während der Aufnahme Marias in die himmlischen Sphären.

ISLAM: Im orientalischen Raum, aber auch schon in Griechenland streicht man Türen und Fenster blau an. Dadurch sollen sie die „guten Geister und Götter" auf sich lenken. In den meisten Religionen wohnen diese nämlich im Himmel oder auf hohen Bergen über den Wolken.

Besonders in Ägypten ist die Auffassung verbreitet, dass mit einer blauen Perle oder einem blauen Stein der Krankheit und Tod verheißende „böse Blick" abgewehrt wird.

Aus diesem Grunde werden auch (männliche) Babies in blaue Tücher gehüllt. Kleine Mädchen dagegen gelten als weniger „wertvoll" und müssen auf blaue Gewandung verzichten. Diese Sitte wurde übrigens vom Abendland übernommen, auch bei uns tragen kleine Knaben blau, Mädchen dagegen ein dem gewünschten gesellschaftlichen Rollenverhalten entsprechendes Rosa.

Im gesamten arabischen Raum steht Blau für Jugend, Glaube, Wahrheit.

Im gesamten arabischen Raum steht Blau für Jugend, Glaube, Wahrheit

Im alten Ägypten symbolisierte Blau die Farbe des Wassers und der lebensspendenden Nilgottheiten. Wer es sich leisten konnte, trug blauen Schmuck im Vertrauen auf eine wundersame Heilwirkung. Der wohl bekannteste ägyptische Edelstein ist daher der tiefblaue Lapislazuli (zu deutsch

„blauer Stein"). Anlässlich besonders bedeutender Feste trug der Pharao einen blauen Helm. Er dokumentierte damit seinen Anspruch auf direkte Abstammung von den Göttern.

CHINA: In China symbolisiert Blau ebenfalls die Himmelsmächte und Unsterblichkeit.

INDIEN: Diese Farbsymbolik finden wir auch in Indien. Dort werden einige Götter mit blauem Kopf oder mit blauer Hautfarbe dargestellt. Als Zeichen höchster Vergeistigung und göttlicher Erleuchtung gilt ein blauer Elefant.

2.3 Armes Änglisch

Fettnäpfchen bei Übersetzungen direkt aus dem Deutschen

Die internationale Verständigungssprache ist zweifelsfrei Englisch. Hier warten einige Fettnäpfchen auf uns, insbesondere, wenn wir direkt aus dem Deutschen übersetzen. Außerdem hat sich in Deutschland die falsche Aussprache einiger bekannter englischer Wörter eingebürgert. Eine kleine Auswahl der wichtigsten „Stilblüten" wird im Folgenden vorgestellt.

Da ist zunächst der „Head-Crash". Der liegt vor, wenn die Festplatte eines Computers „gecrasht" ist, d.h., wenn der Abtastkopf, der ähnlich wie die Nadel eines Plattenspielers die Festplatte abtastet, dieselbe völlig zerkratzt hat.

Dieser Supergau wird nun, gerade auch von vielen PC-Freaks, „Hied-Kräsch" ausgesprochen. Man fragt sich, warum. Denn das englische Wort für Kopf, also „Head", wurde doch schon immer wie „Hed" ausgesprochen. Es liegt also ein „Hed-Kräsch" vor, wenn die Festplatte hin ist.

Eine beliebte Lachnummer für Engländer ist auch die Aussprache der „Reset"-Taste, die den Computer quasi „auf Null" zurückstellt und neu startet, wenn er mal wieder abgestürzt ist.

Das Wort setzt sich zusammen aus „re" (wieder) und „set" (stellen). Da im Englischen der Buchstabe „e" meist wie „i" ausgesprochen wird (so auch im Alphabet) und das „s" scharf (wie in „dass"), gibt es keinen Grund, diese Taste als „Resätt" zu verunglimpfen. Es heisst natürlich „Rießett"-Taste, mit Betonung auf der ersten (!) Silbe.

Tückisch sind auch falsch gebildete Pluralformen. So gab neulich ein frisch gebackener Lokalpolitiker zum Besten, er werde sich verstärkt um die „Eventen" in seiner Stadt kümmern. Die Pluralbildung ist im Englischen ziemlich einfach. Es wird schlicht an den Singular ein „s“ gehängt: also „Events“ (Veranstaltungen).

Alle Welt spricht neuerdings von „Designer“-Produkten, als wenn die Motorräder, Sakkos und Möbel früher vom Pförtner entworfen worden wären. Wirklich erstaunlich sind die „Designer-Häuser“, die meines Wissens auch heute immer noch von Architekten geplant werden. Nun ja, wollen wir mal nicht päpstlicher als der Papst sein, schließlich soll die Vorsilbe „Designer-“ nichts anderes als die besondere gestalterische Wertigkeit eines Produkts ausdrücken. Wenn man aber schon Modewörter benutzt, dann bitte in der richtigen Aussprache! Es heißt nicht „Dißeiner“ mit scharfem „ß“, sondern „Diseiner“, mit weichem „s“, wie im deutschen „Sand“. Wahrscheinlich kommt die überall zu hörende falsche Aussprache daher, dass man früher in diesem Zusammenhang das französische Wort „dessin“ gebrauchte. Und das wird wirklich mit scharfem „ß“ gesprochen.

Zum guten Schluss: „Handys“ gibt es nur in Deutschland. Besonders in dieser falschen Pluralform. Eigentlich müsste es ja korrekt „handies“ heißen. Aber auch die kennt in USA, England und dem Rest der Welt niemand. Im anglo-amerikanischen Raum heißen Mobil-Telefone „mobile-phones“.

„Handys“ gibt es nur in Deutschland

Im Folgenden eine kurze Übersicht über häufige Anglizismen und Übersetzungsfallen:

Häufige Anglizismen und Übersetzungsfallen

Englisch	Deutsch oft üblich	Deutsch besser/auch	Englisch	Deutsch oft üblich	Deutsch besser/auch
actually	aktuell (falsch)	tatsächlich, eigentlich	Alsatian	Elsässer	(deutscher) Schäferhund
adminis-tration	Administration	Verwaltung, Regierung	analyst	Analyst (falsch)	Analytiker
advocate	Advocat Anwalt (falsch)	Befürworter	antennae	Antennen (falsch)	Fühler (bei Insekten)
agency	Agentur (falsch)	Behörde, Amt	anthro-pology	Anthropologie (falsch)	Ethnologie
agent	Agent	Beamter, Berater, Makler, Mittler	asocial	asozial (falsch)	ungesellig
Alien	Außerirdischer	Ausländer	bath	Bad	Badewanne (GB)

ENGLISCH	DEUTSCH OFT ÜBLICH	DEUTSCH BESSER/AUCH
(the) Baltic	baltisch	Ostsee
recharge-able battery	Batterie	Akku
beast	Biest (falsch)	(wildes) Tier
benzene	Benzin (falsch)	Benzol
border line	Grenzline (falsch)	Grenze
brave	brav (falsch)	tapfer, mutig
cabin	Kabine	Landhaus
canteen	Kantine	Feldflasche
captain (mil.)	Kapitän	Hauptmann
carbon	Karbon (falsch)	Kohlenstoff
Caucasian (US)	Kaukasier	Weißer/Weiße
cereals	Cerealien	Corn Flakes, Frühstücksflocken
ceremony	Zeremonie	Feier, Festakt
chance	Chance	Zufall, Gelegenheit
China	China	klein geschrieben: Porzellan
civil	Zivil-...	meist besser Bürger-...
closet	Toilette (falsch)	Vorratsraum, Wandschrank
comfort	Komfort	Behaglichkeit, Trost
company	Firma	(gute, schlechte) Gesellschaft, Freundeskreis
compass	Kompass	Umkreis
concept	Konzept (falsch)	Begriff, Vorstellung
conception	Konzeption (falsch)	Auffassungskraft, Vorstellung, Empfängnis
concrete	konkret	Beton (als Nomen)
to construct	konstruieren (falsch)	bauen
to contact	kontaktieren, kontakten	Kontakt aufnehmen, sich melden
to control	kontrollieren (falsch)	steuern, regeln, lenken, beherrschen
corn (US)	Korn, Getreide (falsch)	Mais
crab	Krabbe (falsch)	Krebs
critical	kritisch (falsch)	entscheidend
cult	Kult (falsch)	Sekte
cutlet	Kotelett	Schnitzel, Hacksteak
depression	Depression	Mulde, Vertiefung, Tiefdruckgebiet
design	Design (falsch)	Entwurf, entwerfen, konstruieren
diamonds	Diamanten	„Karo“ (Spielkarte), Raute
to dive	tauchen	(kopfüber) ins Wasser springen
dome	Dom (falsch)	Kuppel
dress rehearsal	Kleiderprobe (falsch)	Generalprobe

Englisch	Deutsch oft üblich	Deutsch besser/auch
education	Erziehung	Ausbildung
elk (US)	Elch (falsch)	Wapiti(hirsch)
engaged	engagiert (falsch)	verlobt
eventually	eventuell (falsch)	schließlich, endlich, (schon) irgendwann
fabric	Fabrik (falsch)	Stoff, Gewebe
fat	fett	dick
to fish	fischen	angeln
2nd floor (US)	2. Stock (falsch)	1. Stock
(American) football	Fußball (falsch)	Football
genie	Genie (falsch)	Flaschengeist, gute Fee
godfather	Gottvater (falsch)	Pate
gymnasium	Gymnasium (falsch)	Turnhalle
to hate	hassen	nicht mögen
height	Höhe	(Körper-)Größe
high school	Hochschule (falsch)	(höhere) Schule
instance	Instanz (falsch)	konkreter Fall, Beispiel
intelligence	Intelligenz	(geheim-/ nachrichtendienstl.) Informationen
kindergarten	Kindergarten	Vorschule (US)
leave me alone	Lass mich allein	Lass mich in Ruhe
limo, limousine	Limousine (falsch)	Straßenkreuzer, Luxuslimousine
liquor	Likör (falsch)	hochprozentiges alkoholisches Getränk
to love	lieben	mögen, gern haben
to make sense	Sinn machen	Sinn ergeben, Sinn haben, sinnvoll sein
marmelade	Marmelade	Orangenmarmelade (GB)
to mean something	etwas meinen (falsch)	bedeuten
to meet somebody	jemanden treffen	jemanden kennenenlernen
menu	Menü (falsch)	Speisekarte
Middle East	Mittlerer Osten (falsch)	Naher Osten
minister	Minister	Pfarrer (US)
mob	Mob, Pöbel	Unterwelt, Mafia (US)
momentum	Moment (falsch)	Impuls (phys.)
murder	Mörder (falsch)	Mord
must not	nicht müssen (falsch)	nicht dürfen
needle work	Nadelarbeit	Handarbeit
network	Netzwerk	Netz, Geflecht
not really	nicht wirklich	eigentlich nicht, kein
novel	Novelle (falsch)	Roman
number	Nummer	Zahl
overalls (US)	Overall (falsch)	Latzhose
to overhear	überhören (falsch)	belauschen, zufällig mithören

Englisch	Deutsch oft üblich	Deutsch besser/auch
to oversee	übersehen (falsch)	überblicken, beaufsichtigen, überwachen
party	Party	Partei, Gesellschaft, Gruppe
paper	Paper, Papier	Aufsatz, Artikel, Zeitung
paper knife	Papiermesser	Brieföffner
physician	Physiker (falsch)	Arzt
place	Platz	Ort, Stelle
preservative	Präservativ (falsch)	Konservierungsstoff
principally	prinzipiell (falsch)	hauptsächlich, vor allem
program (TV)	Programm (falsch)	Sendung
quite a few	ziemlich wenig (falsch)	ziemlich viel
to realize	realisieren (falsch)	erkennen, begreifen, verwirklichen
receipt	Rezept (falsch)	Quittung, Beleg
record	Rekord	bisherige Leistungen, Bilanz, Akte, Datensatz, Aufzeichnungen, Schallplatte
role model	Rollenmodell (falsch)	Vorbild
roll	Rolle	Brötchen
school	Schule	Hochschule, Universität, Fachschule
secretary (US)	Sekretär	Minister
sensation	Sensation (falsch)	Empfindung
sensible	sensibel (falsch)	vernünftig
shellfish	Schellfisch (falsch)	Muscheln, Schalentiere
to ship	verschiffen	versenden, ausliefern, transportieren
silicon	Silikon (falsch)	Silizium
sportif	sportiv (falsch)	sportlich
(to) stress	Stress	betonen, belasten (Verb)
student	Student	Schüler
to study	studieren	lernen, sich intensiv mit etwas beschäftigen
to swear	schwören	fluchen
sympathy	Sympathie (falsch)	Mitgefühl
thesis	These	Diplom- oder Doktorarbeit
in this country	in diesem Land (falsch)	in unserem Land, bei uns, hier
tonight	heute Nacht (falsch)	heute Abend
virtuous	virtuos (falsch)	tugendhaft, sittsam
to wink	winken (falsch)	zwinkern
whenever	wann immer (falsch)	immer, wenn

TEIL C PRAKTISCHE VERHALTENSTIPPS AM BEISPIEL AUSGEWÄHLTER LÄNDER

In den folgenden Kapiteln werden die interkulturellen Besonderheiten verschiedener Länder dargestellt. Die hier getroffene Auswahl ist notwendig subjektiv, versucht aber ein möglichst breites Spektrum anzubieten.

Es würde den Rahmen dieser Darstellung sprengen – und ist auch nicht beabsichtigt – die Sitten, Gebräuche und kulturellen Besonderheiten der vorgestellten Länder umfassend zu beschreiben. Vielmehr sollen dem (Geschäfts-)Reisenden in möglichst übersichtlicher Art und Weise konkrete Informationen und Verhaltensanweisungen an die Hand gegeben werden, damit er sich auf dem fremden Parkett souverän und erfolgreich bewegen kann.

konkrete Informationen und Verhaltensanweisungen, um sich auf dem fremden Parkett souverän und erfolgreich bewegen zu können

Die in dieser Hinsicht getroffene Auswahl an Themen, um die Charakteristika der einzelnen Länder herauszuarbeiten, umfasst jeweils folgende Punkte:

Begrüßung

Trinkgeld

Tischsitten

Business-gepflogenheiten

Dress-Code

Tabus und Fettnäpfchen

Einladungen und Gastgeschenke

spezielle Tipps

Behandelt werden folgende Länder:

- EUROPA: Beneluxländer, Frankreich, Griechenland, Großbritannien, Italien, Polen, Russische Föderation, Skandinavien, Spanien, Türkei, Ungarn
- AMERIKA: USA, Mexiko, Brasilien
- AUSTRALIEN
- NAHER/MITTLERER OSTEN: Iran, Israel, Saudi-Arabien
- ASIEN: China, Hongkong, Indien, Japan, Malaysia
- AFRIKA: Ägypten, Nordafrika (Tunesien, Marokko, Algerien), Südafrika

Die hier gegebenen spezifischen Länderinformationen, können im Sinne eines umfassenderen Verständnisses durch die allgemeinen Darstellungen in Teil A und B ergänzt werden.

EUROPA

BENELUXLÄNDER

So ohne weiteres lässt sich sicherlich nicht von DEN Umgangsformen in den Benelux-Ländern sprechen. Es gibt schon erhebliche Unterschiede, zumal dieses Konglomerat sehr unterschiedliche Bevölkerungsgruppen umfasst.

Die Sprachgrenze zwischen Flämisch und Französisch ist auch eine Kulturgrenze

Die durch Belgien verlaufende Sprachgrenze zwischen Flämisch und Französisch stellt natürlich gewissermaßen auch eine Kulturgrenze dar, die die romanische von der im weitesten Sinne „germanisch" zu nennenden Kultur trennt. Es gibt aber doch auch viele Gemeinsamkeiten, die eine Zusammenfassung der Umgangsformen dennoch sinnvoll erscheinen lässt. Wo allerdings wichtige Differenzen bestehen, wird darauf gesondert hingewiesen.

Begrüßung

NIEDERLANDE/FLANDERN

Die Begrüßungsrituale werden im flämisch-niederländischsprachigen Teil etwas lockerer gehandhabt als im wallonischen.

Beneluxländer

Man stellt sich mit Vor- und Nachnamen vor und reicht dabei einander die Hände. Es kann aber auch durchaus sein, dass statt des Händeschüttelns ein Kopfnicken oder eine kurze Begrüßungsgeste mit der leicht erhobenen Hand erfolgt. Wie im angloamerikanischen Raum üblich, wird relativ schnell auf eine formale Anrede verzichtet und die Gesprächspartner reden einander mit dem Vornamen an.

Titel und Berufsbezeichnungen werden nicht genannt

Titel und Berufsbezeichnungen werden nicht genannt. Überhaupt zeigt sich die Tendenz zum Understatement. Statusprahlereien sind weitgehend unbekannt. Auch auf soziale Herkunft, besondere Ausbildungs- oder Berufsqualifikationen wird im normalen Gespräch kein Wert gelegt. Gleichwohl genießt eine gute Ausbildung hohes Ansehen, sie wird aber niemals besonders erwähnt. Bescheidenes Auftreten ist Trumpf.

Wallonien

Die wallonischen Belgier gelten gemeinhin als konservativ. Man begrüßt sich mit Händeschütteln, Umarmungen sind nur unter Freunden üblich.

Luxemburg

Zur Begrüßung gibt man sich die Hand und stellt sich namentlich vor. Flüchtig auf die Wange hingehauchte Küsschen und Umarmungen gibt es nur unter guten Freunden.

Tischsitten

Luxemburg

Die Tischsitten entsprechen den französischen – das bedeutet auch, dass man sich beim Essen Zeit lässt und genießt. Bei Tisch wird nicht über Geschäfte gesprochen. Kuchen wird auch zur Kaffeetafel mit Messer und Gabel gegessen.

Bei Tisch wird nicht über Geschäfte gesprochen

Belgien

Tischsitten im wallonischen Teil wie in Frankreich, im flämischen wie in den Niederlanden.

Niederlande

Tischsitten wie in Deutschland. Nach Hause wird man allerdings seltener eingeladen. Geschieht es dennoch, sollte man vorher gegessen haben. Es werden in der Regel nur Getränke und kleinere Snacks gereicht.

Dress-Code

Zu wichtigen Terminen formelle Kleidung

BELGIEN

Zu wichtigen Terminen sollten Sie formell, also in Anzug oder Kostüm, gekleidet sein. Zu festlichen Anlässen trägt man Smoking oder sportlich-elegante Abendgarderobe.

LUXEMBURG

Die Garderobe für Ihre Geschäftstermine sollte formell sein.

NIEDERLANDE

Wesentlich lockerer als im sonstigen Benelux

Wesentlich lockerer als im sonstigen Benelux. Dies gilt besonders für den privaten Bereich. Zu Business-Terminen erscheint man zwar im Anzug mit Krawatte, das Sakko wird jedoch im Eifer der Verhandlungen auch schon einmal ausgezogen.

Einladungen und Gastgeschenke

Wird man zum Essen eingeladen, freuen sich die Gastgeber über einen Blumenstrauß oder ein kleines Geschenk, z.B. trockene deutsche Weißweine oder deutsche Wurstwaren.

Gäste sollten pünktlich erscheinen. Rauchen ist überall gestattet.

LUXEMBURG

Anlass und Bekanntheitsgrad bestimmen Art und Wert des Gastgeschenkes. Bei einer privaten Einladung werden keine geschäftlichen Gespräche geführt. Dafür trifft man sich im Büro, im Restaurant oder im Café.

Trinkgeld

16 Prozent Trinkgeld ist in der Regel bereits in allen Hotel- und Restaurantrechnungen enthalten. Friseure erwarten 20 Prozent des Rechnungsbetrages (wenn der Service nicht inbegriffen ist). Im Taxifahrpreis ist das Trinkgeld ebenfalls inbegriffen.

Für die Garderobe sollte man ebenso ein Trinkgeld geben wie für das Toilettenpersonal.

Beneluxländer

Luxemburg

15 Prozent Bedienungsgeld ist in den Hotel- und Restaurantrechnungen enthalten. Taxifahrer erwarten 15 Prozent des Fahrpreises als Trinkgeld.

Businessgepflogenheiten

Belgien

Auf Pünktlichkeit und korrektes Benehmen wird Wert gelegt, generell geht es recht formell zu. Visitenkarten sind gern gesehen. Geschäftssprachen sind Französisch oder Englisch. Der Führungsstil ist eher autoritär und entspricht dem französischen „Patronatsprinzip".

Generell geht es recht formell zu

Luxemburg

Seit 1984 gibt es drei amtliche Arbeitssprachen: Französisch, Deutsch und Letzebuergisch. Gesetzessprache ist Französisch, Geschäftssprachen sind Deutsch und Französisch.

Die Höflichkeit gebietet es, auf die Minute genau bei seinen Verhandlungspartnern zu sein. Für Geschäftsreisen ungünstig sind Ostern und die Ferienmonate Juli und August. Visitenkarten sind ein wichtiges Kontaktmedium.

Pünktlichkeit ist wichtig

Der Führungsstil ist wie in Belgien eher autoritär und entspricht dem französischen „Patronatsprinzip".

Niederlande

Es kann „Klartext" geredet werden, langwierige Umschreibungen sind nicht besonders geschätzt. Dennoch werden Absagen freundlich verpackt und erfolgen weniger direkt als in Deutschland.

Es kann „Klartext" geredet werden

Der Führungsstil ist teamorientiert, Mitarbeiter werden in Entscheidungen mit einbezogen. Geschäftsprozesse dauern daher etwas länger. Die letzte Entscheidungsmacht liegt dann aber doch beim Vorgesetzten.

Tabus und Fettnäpfchen

- Belgien: In den Sprachenstreit sollten Sie sich nicht einmischen. Vermeiden Sie es deshalb, in Flandern Französisch zu sprechen, sondern benutzen Sie lieber Deutsch oder Englisch für Ihre Gespräche. In Wallonien sollten Sie Französisch sprechen.

Kommentare zum Sprachenstreit vermeiden

- LUXEMBURG: Luxemburg hat das höchste Pro-Kopf-Einkommen der Welt. Es gibt also keinen Grund zu Ironie oder Besserwisserei.
- Das Thema „Zweiter Weltkrieg“ ist in Benelux ein Tabu.

Tipps

Feinschmecker kommen auf ihre Kosten

Holland ist eine Provinz der Niederlande

- In BELGIEN, besonders in Brüssel und Antwerpen, kommen Feinschmecker auf ihre Kosten. Das Land hat die größte Pro-Kopf-Anzahl von mit Michelin-Sternen gekrönten Restaurants und die größte Auswahl an Bieren in der Welt. Ein entsprechendes Lob kommt immer gut an.
- NIEDERLÄNDER schätzen es, wenn ausländische Gäste zwischen Holland und den Niederlanden zu unterscheiden wissen. Holland ist eine Provinz der Niederlande.
- Bescheidenes Auftreten steht in hohem Ansehen. Statusprahlereien, ob materiell oder immaterieller Art (z.B. Ausbildung, beruflicher Erfolg) sind verpönt. Dies gilt auch für Bewerbungsgespräche.
- Die Gleichberechtigung zwischen Mann und Frau ist in den Niederlanden in nahezu allen Bereichen des gesellschaftlichen Lebens verwirklicht.

FRANKREICH

Begrüßung

Man siezt sich, Titel werden dabei genannt

Zur Begrüßung gibt man sich die Hand, persönlicher ist der Kuss auf beide Wangen. Die Anrede ist Monsieur oder Madame oft ohne Nennung des Familiennamens. Es kann sehr lange dauern, bis man sich mit dem Vornamen anspricht. In der Regel siezt man sich, Titel werden dabei genannt.

Tischsitten

Bei Empfängen oder Diners gibt der Ehrengast das Zeichen, mit dem Essen zu beginnen. Mahlzeiten werden mit Genuss und in aller Ruhe eingenommen, sie ziehen sich oft lange hin.

Das (Baguette) wird stets gebrochen, niemals geschnitten

Im Restaurant wartet man immer, bis der Tisch vom Kellner zugewiesen wird. Das französische Brot (Baguette) wird stets gebrochen, niemals geschnitten. Krümel sind dabei kein Problem. Das Brot darf auch durchaus zum Aufsaugen von Saucen verwendet werden.

Dress-Code

Legere Kleidung ist allgemein verbreitet, aber die Franzosen sind auch im „casual"-Bereich für hochwertige Marken bekannt. Bei öffentlichen Anlässen und Abendgesellschaften ist förmliche Kleidung erwünscht; viele Klubs, Kasinos und vornehme Restaurants bestehen ebenfalls auf Anzug und Krawatte; Erwartungen bezgl. Abendkleid bzw. Smoking werden gesondert angezeigt. „Oben ohne" wird an den meisten Stränden toleriert, FKK ist nur an den dafür eingerichteten Stränden gestattet.

förmliche Kleidung bei öffentlichen Anlässen und Abendgesellschaften

Einladungen und Gastgeschenke

Es wird nur sehr sehr selten vorkommen, dass Sie nach Hause eingeladen werden. Wenn dies dennoch geschehen sollte, wäre es eine besondere Ehre. Seien Sie bei solchen Einladungen nicht zu pünktlich! Lassen Sie dem Gastgeber lieber noch ein paar Minuten Zeit.

Blumen, Pralinen und Alkohol sind empfehlenswerte Geschenke. Sie werden meist schon am Morgen der Einladung an den Gastgeber geschickt.

Gastgeschenke schon am Morgen der Einladung an den Gastgeber schicken

Trinkgeld

Obwohl der Service fast immer im Rechnungsbetrag von Hotels, Restaurants und Bars enthalten ist (12 bis 15 Prozent Bedienungsgeld) ist es ist aber üblich, ein paar Münzen (5 bis 10 Prozent), auf dem Tisch zu lassen. Platzanweiser, Gepäckträger, Hotelpagen, Garderoben- und Toilettenpersonal, Friseure und Kosmetikerinnen erhalten Trinkgeld. Taxifahrer erwarten 10 bis 15 Prozent der Fahrtkosten als Trinkgeld.

Businessgepflogenheiten

Korrekte Kleidung wird erwartet. Vorherige Terminvereinbarung und Visitenkarten sind üblich. Bei geschäftlichen Treffen geht es meistens formell zu. Mitte Juli bis Mitte September sind für Geschäftsreisen nicht geeignet.

Von deutschen Besuchern erwartet man, dass sie pünktlich erscheinen – auch wenn dies von französischen Geschäftspartnern selbst sehr locker gehandhabt wird. Geschäftsessen finden in der Regel in Restaurants statt. Dabei wird aber nur der Smalltalk gepflegt. Die wichtigen Punkte

Von deutschen Besuchern erwartet man Pünktlichkeit

der Verhandlung werden erst nach dem Essen beim Kaffee besprochen.

Arbeitsergebnisse entstehen eher über persönliche Gespräche und Flexibilität als durch schematisches Abarbeiten festgelegter Tagesordnungspunkte.

Amtssprache ist Französisch. Für Korrespondenz und Verhandlungen bevorzugt man auch die französische Sprache. Wenn dies nicht möglich ist, wird Englisch akzeptiert.

Business-Entscheidungen werden nach langen und sorgfältigen Überlegungen getroffen, genaues Datenmaterial sollte vorgelegt werden.

Delegieren ist weitgehend unbekannt

Alle Entscheidungsbefugnis geht vom „Patron", dem allgewaltigen Chef aus. Delegieren ist weitgehend unbekannt.

Auch Teamarbeit und Gruppenkonsens haben eine geringere Bedeutung als in Deutschland. Sehr wichtig sind dagegen soziale Netze und Beziehungen sowie persönliche Kreativität als Einzelleistung.

Geschäftszeiten: Montag bis Freitag 09.00-12.00 und 14.00 bis 18.00 Uhr.

Tabus und Fettnäpfchen

- In öffentlichen Verkehrsmitteln, Kinos und Theatern ist Rauchen verboten.
- Französischkenntnisse werden sehr geschätzt, aber: Es gilt als unhöflich, ein Gespräch auf Französisch zu beginnen und dann in einer anderen Sprache weiterzuführen.
- Direkte Konfrontationen und Kritik sind zu vermeiden. Ein direktes Nein oder eine offene Ablehnung gelten als extrem unfreundlich.

Direkte Konfrontationen und Kritik vermeiden

Tipps

- Als Gesprächsthemen empfehlen sich die technischen Leistungen der Franzosen (T.G.V., Concorde) oder die kulturelle Bedeutung Frankreichs (Geschichte, Musik, Literatur).
- Intakte Familienverhältnisse stehen hoch im Kurs.
- Die Kommunikation besteht zu einem großen Teil aus stilistischen Feinheiten, Konflikte werden heruntergespielt.

GRIECHENLAND

Begrüßung

Das Händeschütteln ist wenig verbreitet, man begnügt sich meist mit einem verbalen Gruß. Gute Freunde werden mit einer Umarmung begrüßt, der evtl. ein Schulterklopfen folgt.

Besonders gerne verwenden die Griechen die persönliche Anrede mit dem Namen. Die Grußformeln der Griechen sind sehr herzlich, sie halten sich allerdings mit dem Angebot des „Du" etwas zurück. Es ist dann aber auch unter Geschäftsfreunden üblich.

Es kommt vor, dass das Duzen nur einseitig erfolgt

Es kommt vor, dass das Duzen nur einseitig erfolgt. Dies gilt z.B. für die Kommunikation zwischen Angehörigen unterschiedlicher Hierarchieebenen. Der Chef duzt einen Mitarbeiter, wird von diesem aber gesiezt.

Tischsitten

hitzige Diskussionen nicht als Streit missverstehen

Die Mahlzeiten sind üppig. Es wird bei Tisch über Gott und die Welt debattiert. Dabei kann es auch schon einmal heftig und sehr emotional zugehen. Solche hitzigen Diskussionen darf man aber nicht als Streit missverstehen. Es wird gerne offen kritisiert, auch die eigene Regierung wird dabei nicht ausgelassen.

In Tavernen werden oft nur einfache Gerichte serviert. Fast immer wird auf die Beigabe von Saucen verzichtet. Statt dessen geht man sehr großzügig mit Olivenöl um.

Dress-Code

Bei offiziellen Anlässen formelle Kleidung, egal wie heiß es ist

Freizeitkleidung ist angemessen. Bei offiziellen Anlässen und im Geschäftsverkehr werden jedoch Anzug und Krawatte bzw. Kostüm erwartet. Dabei spielt es auch keine Rolle, wie heiß es sein mag. Zunehmend kommen aber auch kurzärmelige Hemden mit Krawatte in Mode.

Frauen sollten sich bedeckt halten, Dekolletees sind nicht üblich.

Einladungen und Gastgeschenke

unbedingt erforderlich

Ohne Gastgeschenk nimmt man in Griechenland keine Einladung wahr, lieber sagt man sie unter einem Vorwand ab. Aufwändige Blumengebinde und sehr gute Konfiserien sind ebenso beliebte Geschenke wie Whisky und Obstbrände.

Einladungen zu einem gemeinsamen Mittag- oder Abendessen sind an der Tagesordnung. Dazu sind dann immer auch Ehepartner und Kinder eingeladen.

Trinkgeld

Im gesamten Dienstleistungsbereich sind 12 bis 15 Prozent üblich.

Businessgepflogenheiten

Termine müssen im Voraus vereinbart und am vorhergehenden Wochentag bestätigt werden. Pünktlichkeit wird gern gesehen, jedoch nicht immer eingehalten.

Persönliche Beziehungspflege wichtiger als formale berufliche Qualifikationen

Fachkenntnisse und formale berufliche Qualifikationen spielen eine untergeordnete Rolle. Viel wichtiger sind Charme, persönliche Beziehungspflege und Vertrauenswürdigkeit

Geschäftszeiten: Montag bis Freitag 08.00 bis 15.00 Uhr.

Tabus und Fettnäpfchen

- Die griechische Gastfreundschaft ist schon sprichwörtlich geworden. Das darf man allerdings nicht falsch verstehen. Der Eingeladene begibt sich in eine Abhängigkeitsposition gegenüber dem Gastgeber. Auch wenn sich dies sehr subtil vollzieht: Einladungen sind auch ein Machtinstrument, das von altersher Hackordnungen festlegt.

nach mehreren Einladungen undbedingt Gegeneinladung aussprechen

- Man sollte sich daher auf keinen Fall mehrmals hintereinander ohne Gegeneinladung einladen lassen. Es gilt nicht als unhöflich, Einladungen (sehr höflich und freundlich!) auszuschlagen. Im Gegenteil: Dies wird als charakterstark gewertet. Besonders beliebt sind dabei spielerische „Scheingefechte“ darüber, wer bezahlen darf.
- In öffentlichen Verkehrsmitteln und öffentlichen Gebäuden ist das Rauchen untersagt. Ansonsten ist es bei allen Gelegenheiten üblich.
- Das Zeigen der offenen Hand gilt als beleidigende Geste.

Tipps

- Laden Sie so oft Sie können, Ihre Gesprächspartner zum Essen usw. ein. Sie gewinnen dadurch erheblich an Ansehen und stärken Verhandlungspositionen.

Das Zurückwerfen des Kopfes bedeutet „Nein“

- Das Zurückwerfen des Kopfes wird von uns oft als Zustimmung gedeutet. Es heißt aber: „Nein“.

- Die Griechen sind sich ihres reichen historischen und kulturellen Erbes sehr bewusst. Sie ernten Pluspunkte, wenn Sie davor deutlich Ihre Achtung zum Ausdruck bringen.
- Sehr beliebt machen Sie sich, wenn Sie ein ganz klein wenig griechisch können.

GROSSBRITANNIEN

Begrüßung

Händeschütteln wird praktiziert, ist aber weniger gebräuchlich als bei uns. Oftmals begnügt man sich mit einem verbalen Gruß. Handelt es sich allerdings um einen Erstkontakt, reicht man sich auch die Hand, insbesondere bei Ausländern. Man macht dabei seinem Gegenüber ein Kompliment und drückt seine Freude über das gegenseitige Kennenlernen aus.

Bei Erstkontakten reicht man sich die Hand

Wer es gerne etwas förmlicher hätte, der stellt die rhetorische Frage: *„How do you do?“* Eine solche Frage ist übrigens keineswegs die Einladung zu ausführlichen Schilderungen der eigenen Gesundheit oder des persönlichen Befindens. Es ist eine reine Höflichkeitsfloskel, die keine Antwort erwartet. Man erwidert einfach dieselbe Formel.

In manchen Englischbüchern wird übrigens noch die Empfehlung ausgesprochen, auf *„Thank you“* mit *„Never mind“* zu antworten. Dies empfinden Briten als unhöflich, denn es heißt so viel wie *„Kümmere dich nicht darum“*. Wesentlich höflicher ist die Antwort: *„You're welcome“*. Briten verzichten bei der Vorstellung auf die Angabe von eigenen Titeln, verwenden sie aber in der Anrede ihres Gegenübers.

Beim Erstkontakt stellt man sich noch mit Familiennamen vor und wird auch mit diesem angeredet. In der Regel wird man aber bei folgenden Treffen einander mit dem Vornamen anreden.

Tischsitten

grundsätzlich nicht über Geschäfte sprechen

Bei Tisch wird sich grundsätzlich nicht über Geschäfte unterhalten. Dieses eiserne Gesetz gilt auch für den abendlichen Besuch von Pubs und Bars. Über die Arbeit wird nur während der Arbeit gesprochen, Briten trennen sehr fein zwischen Freizeit und Beruf.

In Pubs bestellt man sein Getränk an der Theke und bezahlt sofort nach Erhalt. In guten Restaurants wird man vor dem Essen in eine Lounge geführt, nimmt dort einen Aperitif und sucht auch dort das Essen aus. Ansonsten sind die Tischsitten denen Deutschlands vergleichbar.

Briten kleiden sich sehr konservativ

Dress-Code

Briten kleiden sich sehr konservativ, dies gilt besonders für die Geschäftswelt. Auch wenn der Arbeitstag in einem feucht-fröhlichen Umtrunk endet, wird niemals die Krawatte abgelegt. Frauen kleiden sich sehr dezent und extrem konservativ. Auffallendes Make-up, Dekolletees und kurze Röcke sind verpönt.

humorvollen Smalltalk pflegen

keine Blumengeschenke

Einladungen und Gastgeschenke

Zu Einladungen erscheint man pünktlich. Private Themen sind weitgehend tabu, man pflegt ausführlich einen humorvollen Smalltalk. Man spricht recht geistvoll über unverfängliche Themen wie Wetter, Urlaub oder Land und Leute. Tiefschürfende Themen sind nicht sonderlich beliebt.

Als Gastgeschenke empfehlen sich Pralinen oder eine Flasche Wein. Es ist nicht üblich, Blumen zu verschenken.

Trinkgeld

Zwar ist in Restaurants und Bars meistens das Bedienungsgeld enthalten, Dienstleister freuen sich aber dennoch bei besonders gutem Service über ein kleines „Tip". Erwartet werden ca. 10 bis 15 Prozent Trinkgeld vom Rechnungsbetrag. Dies gilt auch für Taxifahrer. Im Hotel gilt die Faustregel: Cirka 80 Cent pro Koffer und zusätzlich ein Trinkgeld für das Zimmerpersonal.

Gute Englischkenntnisse sind unabdingbar

Businessgepflogenheiten

Geschäftliche Termine werden vorher vereinbart und dann auch pünktlich eingehalten. Gute Englischkenntnisse sind unabdingbar, da Fremdsprachen von Briten in der Regel nicht zu erwarten sind. Obligatorisch ist der Austausch von Visitenkarten.

VERHANDLUNGEN

Der Verhandlungsstil ist „straight", also ziel- und erfolgsorientiert. Man geht dabei nicht unbedingt nach „Schema F" und starren Tagesordnungspunkten vor, sondern diskutiert pragmatisch, um schnelle und brauchbare Arbeitsergebnisse zu erhalten.

Nachverhandlungen sind unüblich

Was einmal beschlossen wurde, gilt. Es ist nicht üblich, nachzuverhandeln oder nach der Einigung weitere Forderungen zu stellen. Als grob unhöflich gelten klare Ablehnungen oder unverhohlene Kritik. Wenn überhaupt kritisiert wird, dann äußerst dezent und eingebettet in Lobeshymnen. Ablehnungen werden sehr geschickt verpackt und häufig mit *„Das ist ein interessanter Gedanke ..."* eröffnet.

Kritik vorsichtig verpacken

Tabus und Fettnäpfchen

- Niemals direkt widersprechen. Der englische Kommunikationsstil ist weit weniger direkt und offen als in Deutschland. Wer ungeduldig, unfreundlich oder bierernst daherkommt, wird keine Freunde finden.
- Man sollte sich bei Geschäften vor einem „verkäuferischen" Ton hüten, Geschäfte werden nicht aufgedrängt, sondern scheinbar „nebenbei" erledigt.

Geschäfte werden nicht aufgedrängt, sondern scheinbar „nebenbei" erledigt

- Briten schätzen den deutschen Diskussionsstil als äußerst aggressiv ein. Üben Sie sich daher in der höflichen und dezenten Diskussion.
- Briten sind bekannt für ihren allgegenwärtigen und skurrilen Humor. Insbesondere über Deutsche machen sie sich gerne lustig. Eigenartigerweise sind sie, was persönliche Belange wie etwa Spott über das Königshaus oder die Erwähnung des Nordirlandkonflikts angeht, alles andere als humorvoll. Hüten Sie sich daher vor entsprechenden Bemerkungen.

Britischer Humor gilt nicht notwendig auch für britische Themen

Tipps

- Humor wird allgemein gepflegt und auch von Besuchern erwartet und wird – wenn er denn vorhanden ist – hoch geschätzt.
- Die vorherrschende grammatische Form bei der Meinungsäußerung ist der Konjunktiv. Abgeschwächte Meinungen gelten als besonders höflich. Sie werden eingeleitet durch Formulierungen wie „might", „could", „don't they". Auch sind häufige Entschuldigungen üblich, selbst wenn einen selbst am Missgeschick gar keine Schuld trifft.

Abgeschwächte Meinungen gelten als besonders höflich

Der britische Nationalsport ist nicht Fußball, sondern Kricket

- Ein besonders beliebtes Thema ist der Sport. Denken Sie aber daran, dass der britische Nationalsport nicht der Fußball, sondern das Kricket ist.

ITALIEN

Begrüßung

Das erste Treffen wird noch von einem Handschlag begleitet. Ist man dann näher miteinander bekannt, kommt es auch zu herzlichen Umarmungen. Wenn es etwas offizieller zugeht, grüßt man mit *„Buon giorno"* („Guten Tag") oder *„Buona sera"* („Guten Abend"). Unter Freunden ist eher die formlose Begrüßung *„Ciao"* („Hallo" oder „Tschüs") üblich.

Titel sind in Italien sehr wichtig

Titel sind in Italien sehr wichtig, auch wenn ein Akademiker nicht über einen Doktortitel verfügt, wird er gerne mit *„dottore"* (weiblich: *„dotoressa"*) angesprochen. Die Anrede mit dem Vornamen liegt zur Zeit besonders bei jüngeren Leuten im Trend.

Tischsitten

Das Essen spielt eine zentrale Rolle

Das Essen spielt in Italien eine zentrale Rolle. Wie auch in anderen, stark gruppenorientierten Ländern stellt die gemeinsame Mahlzeit den Höhepunkt des Tages dar. Hier werden die wichtigsten Neuigkeiten ausgetauscht und der Familienzusammenhang gepflegt.

Gegessen wird oft im Restaurant, Einladungen nach Hause sind aber ebenfalls häufig. Italiener sind beim Essen alles andere als schweigsam; alles wirbelt bunt durcheinander und man entwickelt eine erhebliche Lautstärke.

Gegessen wird wie bei uns, wobei man auch schon einmal ein Stück Pizza (die übrigens eigentlich eine Vorspeise ist) mit der Hand essen darf.

Spaghetti nicht mit Gabel und Löffel essen oder gar durchschneiden

Verzichten Sie nach Möglichkeit darauf, Spaghetti mit Gabel und Löffel zu essen oder gar durchzuschneiden. Der Spott seitens ihrer Tischgenossen wäre ihnen sicher.

Cappucino wird nur zum Frühstück genossen und niemals nach dem Essen. Da ist nur Espresso erlaubt!

Rechnungen werden immer für den gesamten Tisch gestellt

Rechnungen werden immer für den gesamten Tisch gestellt. Niemals auf Einzelabrechnung oder genaue Zuordnung von individuellem Verzehr und Einzelberechnung pro Person bestehen.

Dress-Code

Hochwertige Freizeitkleidung ist weit verbreitet. Shorts, ärmellose Tops und Badeanzüge gehören jedoch an den Strand. Beim Betreten von Kirchen und bei Besuchen auf dem Lande wird korrekte Kleidung erwartet.

Italiener kleiden sich stets modisch aktuell

Auf schriftlichen Einladungen wird bekannt gegeben, welche Kleidung erwünscht ist. Italiener kleiden sich nicht nur tadellos und elegant, sondern auch stets modisch „up to date". Wer als Fremder auf diesem Gebiet mithalten kann, dem ist die Achtung der Einheimischen sicher.

Auch bei hohen Temperaturen entledigen sich Geschäftsleute nicht ihres Sakkos und ihrer Krawatte.

Einladungen und Gastgeschenke

Die Einladung zum Mittagessen ist der Mittelpunkt der italienischen Gastfreundschaft. Es kann durchaus zwei bis drei Stunden dauern.

Die Einladung zum Mittagessen ist der Mittelpunkt der italienischen Gastfreundschaft

Man hält vereinbarte Zeiten ein, sollte allerdings ein bisschen Geduld mitbringen.

Neben Blumen (niemals Chrysanthemen, sie stehen für Krankheit und Tod) sind Wein und Schokolade als Präsente angebracht. Wer Blumen als Gastgeschenk wählt, sendet sie schon am Vormittag an die Gastgeber.

Trinkgeld

Bedienungsgeld und Umsatz- bzw. Aufenthaltssteuern sind in den Hotelrechnungen enthalten. Das Bedienungspersonal erwartet zusätzlich 5 bis 10 Prozent Trinkgeld. Das Gleiche gilt für Friseure, Taxifahrer, Gepäckträger usw.

Businessgepflogenheiten

Amtssprache ist Italienisch. Südtirol ist offiziell zweisprachig, es wird aber überwiegend Deutsch gesprochen. In den Grenzgebieten zu Frankreich und zur Schweiz wird Französisch gesprochen.

Terminvereinbarungen sind üblich

Im Geschäftsleben sind Terminvereinbarungen üblich. Pünktlichkeit wird erwartet, allerdings weniger streng als in Deutschland. Ministerien und fast alle Behörden schließen bereits um 13.45 Uhr. Beamte sind nachmittags ohne vorherige Terminvereinbarung nicht erreichbar.

Es gilt das Autoritätsprinzip

Die Hierarchien sind weniger flach als bei uns, es gilt das Autoritätsprinzip. Mitarbeiter werden zwar in Entscheidungen mit einbezogen, das letzte Wort hat aber immer der Chef.

Auf kultiviertes und stilvolles Auftreten wird mehr Wert gelegt als auf überpünktliches Erscheinen und verbissenes Abarbeiten von Tagesordnungspunkten.

Tabus und Fettnäpfchen

- In einigen öffentlichen Gebäuden, in öffentlichen Verkehrsmitteln und in Kinos ist Rauchen verboten.
- Vorsichtsmaßnahmen gegen Diebstahl sollten getroffen werden, besonders in den Großstädten. Klagen darüber kommen allerdings nicht besonders gut an.
- Die Mafia ist für uns ein spannendes Thema. Für Italiener weniger. Deshalb sollte sie kein Gesprächsstoff sein.

Introvertiertes Verhalten wird nicht besonders geschätzt

- Introvertiertes Verhalten wird nicht besonders geschätzt.
- Obwohl zu jeder Gelegenheit Wein genossen wird, ist es verpönt, „einen über den Durst“ zu trinken. Es empfiehlt sich also, zum Alkohol immer ausreichend Wasser zu trinken, um nicht betrunken zu werden.

Tipps

- Die römisch-katholische Kirche hat in Italien auch heute noch einen starken Einfluss auf die Sozialstruktur. Respektieren Sie diese uns vielleicht antiquiert erscheinende Frömmigkeit.
- Der Familienzusammenhalt ist bedeutend stärker als in den meisten anderen europäischen Ländern.

Networking ist die Grundlage jedes erfolgreichen Handelns

- Networking mit einflussreichen Personen ist die Grundlage jedes erfolgreichen Handelns.

Ein beliebtes Thema sind Kinder

- Mit Italienern kommt man leicht ins Gespräch, auch wenn man die Sprache nicht beherrscht. Ein beliebtes Thema sind Kinder. Wer eigene hat, ist gut beraten, Fotos bei sich zu tragen und sie bei allen sich bietenden Gelegenheiten zu präsentieren.
- Mit Komplimenten gehen die Italiener – verglichen mit den Deutschen – geradezu inflationär um.

  So wird jede Frau als *„Bella donna“* hofiert. Deutsche Biederkeit hat hier wenig Chancen. Trainieren Sie daher ihren Charme, loben Sie viel und versuchen Sie überhaupt bei jeder sich bietenden Gelegenheit ein positives Feedback zu geben.

POLEN

Begrüßung

Die Begrüßung erfolgt per Handschlag, Frauen wird zuweilen auch mit einem Handkuss geschmeichelt.

Kennt man sich schon ein wenig besser, kann es auch zu einer Umarmung kommen (auch unter Männern). Ein Mann wird mit *„Pan“* („Herr“) vor dem Nachnamen, eine Frau mit *„Pani“* („Frau“) angesprochen. Auf Titel wird besonderer Wert gelegt, man nennt sie vor dem Nachnamen. Im Geschäftsleben oder anlässlich formeller Gespräche wird der Titel auch allein ohne Nachnamen in der Anrede verwendet. Wundern Sie sich nicht, wenn Sie mit „Direktor“ oder „Herr Geschäftsführer“ angesprochen werden, es werden gerne in der Anrede Positionsbezeichnungen verwendet.

Auf Titel wird besonderer Wert gelegt

Häufig geht man auch relativ schnell zum Vornamen über, allerdings unter Beibehaltung der „Sie“-Form.

Gängige Grußformeln sind: *„Dzien dobry“* (dschindobry; „Hallo“ oder „Guten Tag“) *„Dobry wieczór“* (dobre wiätschur; „Guten Abend“) und *„Do widzenia“* (do widsenja; „Auf Wiedersehen“).

Tischsitten

Gemeinsame Restaurantbesuche sind sehr häufig. Beim Essen wird nicht viel geredet, doch danach sitzt man oft noch zu einem Gespräch zusammen. Bei Abendessen ist es üblich, dass der Gastgeber einen Trinkspruch auf den Gast ausbringt, den dieser erwidern sollte.

Bei Abendessen ist ein Trinkspruch auf den Gast üblich

Es wird oft und gerne Wodka getrunken. Die Gläser werden in einem Zug geleert („ex“) und angebrochene Flaschen nicht wieder zurückgestellt. Wer also nicht besonders trinkfest ist, muss darauf achten, das sein Glas nicht zu voll geschenkt wird.

Ansonsten entsprechen die Tischsitten im Wesentlichen denen Deutschlands.

Dress-Code

etwas konservativer als in Deutschland

In Kleidungsfragen sind die Polen etwas konservativer als die Deutschen. Daher sollte die Kleidung möglichst zurückhaltend sein, sie darf jedoch leger sein. In Restaurants oder zu besonderen Anlässen geht es allerdings eleganter zu als bei uns.

Im Geschäftsleben sind Anzug/Krawatte bzw. Kostüm ein Muss.

Einladungen und Gastgeschenke

Eine Einladung nach Hause ist möglich, wahrscheinlich ist jedoch die Einladung in ein Restaurant.

Wegen des frühen Arbeitsbeginns dauern Besuche an Wochentagen normalerweise nicht länger als bis 23 Uhr.

Die polnische Auffassung von Pünktlichkeit entspricht der deutschen.

Die üblichen Höflichkeitsformen werden erwartet. Als Gastgeschenke empfehlen sich Alkoholika, Schmuck oder Souvenirs (besonders technische Produkte) aus Deutschland. Die Dame des Hauses freut sich aber auch über einen Blumenstrauß.

Trinkgeld

Bedienungsgeld ist nicht im Rechnungsbetrag enthalten. Personal im Restaurant, Taxifahrer, Friseure usw. erwarten 10 bis 15Prozent.

Businessgepflogenheiten

Amtssprache ist Polnisch. Es wird vielfach auch Deutsch oder Russisch gesprochen. Englisch ist von der älteren Generation nicht zu erwarten. Jüngere Leute sprechen Englisch, haben aber in der Regel keine Russisch-Kenntnisse mehr. Nach Möglichkeit einen Dolmetscher hinzuziehen.

Die wichtigste Grundlage für Business-Partner ist Vertrauen und eine persönliche Beziehung

Die wichtigste Grundlage für Business-Partner ist Vertrauen und eine persönliche Beziehung. Legen auch Sie darauf besonderen Wert und planen Sie Zeit ein, um diese Vertrauensbasis wachsen zu lassen. Geschäfte dauern etwas länger als in Deutschland, Hektik ist nicht angesagt.

Der Ton in der Kommunikation ist eher zurückhaltend, wichtig sind oft auch die leisen Töne. Versuchen Sie stets „zwischen den Zeilen“ zu lesen.

Tabus und Fettnäpfchen

- In einigen öffentlichen Gebäuden (z. B. Bahnhöfe) besteht Rauchverbot.
- Militärische Anlagen, Industriegebäude und Verkehrsknotenpunkte, die mit einer durchgestrichenen Kamera gekennzeichnet sind, dürfen nicht fotografiert werden.
- 90 Prozent der Polen sind katholisch, die meisten davon sehr religiös. Witze darüber oder gar über den (polnischen) Papst sind unbedingt zu vermeiden!

Religion wird sehr ernst genommen

Tipps

- Die Unterschiede zwischen Stadt- und Landleben sind erheblich, die Landbevölkerung ist streng religiös und ihr Lebensstil traditioneller.
- Wichtige Pluspunkte kann man durch die Beherrschung einiger polnischer Wörter und Grußformeln sammeln.
- Als dankbare Gesprächsthemen bieten sich die Denkmalpflege und Restauration an. Polen hat dafür sogar als einziges Land auf der Welt einen eigenen Lehrstuhl.
- Übrigens: Krakau war im Jahr 2000 Kulturhauptstadt Europas.

Dankbare Gesprächsthemen sind Denkmalpflege und Restauration

Russische Föderation

Begrüßung

Zur Begrüßung gibt man sich die Hand mit einem ungewöhnlich starken Händedruck. Erst wenn Sie die Knochen ihres Gesprächspartner knacken hören, hat er den Eindruck, einem charaktervollen Menschen gegenüber zu stehen. Auch bei offiziellen Anlässen gehört dies zur allgemeinen Höflichkeitsform. Eine Umarmung ist nicht selten, allerdings auf enge Freunde beschränkt.

ungewöhnlich starker Händedruck

Der sowjetische Bruderkuss kommt zwar noch vor (übrigens in Georgien immer noch Standard) ist aber eigentlich „out“. Frauen begrüßen einander auch gerne mit „Küsschen links, Küsschen rechts“.

Bei Begrüßungen wird immer die Rangordnung beachtet und Titel und Auszeichnungen, soweit sie bekannt sind, werden genannt. Es gilt nicht immer unbedingt „Ladies first“.

Rangordnung beachten

Es gilt als höflich, Gesprächspartner mit Namen anzusprechen. Erkundigen Sie sich daher vorher nach den Namen Ihrer potenziellen Gesprächspartner.

Nicht der Familienname, sondern der Name des Vaters ist maßgebend

Wichtig ist dabei nicht der Familienname, sondern der Name des Vaters mit vorangestelltem Vornamen und angehängter Endsilbe „ ... *owitsch*“ bei Männern bzw. „ ... *ovna*“ bei Frauen. Wenn beispielsweise Nataliya Makarowas Vater Valentin heißt, wird sie in der Anrede mit *„Guten Tag, Nataliya Valentinovna“* angesprochen. Dies entspricht dann auch gleich die „Sie“-Form, es wird nicht das Wort „Frau“ vorangestellt.

Tischsitten

Der Gebrauch von Besteck usw. ist ähnlich wie in Deutschland, wobei das Messer etwas seltener benutzt wird und vieles mit der Gabel (bzw. mit dem Löffel) gegessen und auch zerkleinert wird.

Die russische Küche ist reichhaltig

Die russische Küche ist reichhaltig und aufgrund des enormen Fettgehalts für Ungeübte gewöhnungsbedürftig. Die Portionen sind riesengroß, es wird aber durchaus akzeptiert, wenn man nach ausgiebigem Genuss satt ist und weitere gute Gaben ablehnen muss. Um das Probieren allerdings kommt man nicht herum, das wäre unhöflich.

Wodka ist allgegenwärtig und wird in für unsere Verhältnisse unvorstellbaren Mengen getrunken. Ausländer müssen mit diesem „Wässerchen“ (Übersetzung von „Wodka“) äußerst vorsichtig sein, zumal es nicht selten aus vollen Wassergläsern in einem großen Schluck getrunken wird.

ALS REGEL FÜR DEN WODKA-GENUSS GILT:

1. Er wird erst nach einem Trinkspruch (russ. *„Tost“*), der die Kinder, das Wetter, die Regierung oder was auch immer hochleben lässt, getrunken.
2. Es wird stets gleichzeitig getrunken und gegessen. Also: Zu jedem großen Schluck gehört ein Häppchen Essen, z.B. die beliebten Essiggurken. Geübte Zecher trinken gleich zum Wodka die Flüssigkeit der eingelegten Gurken. Das ist auch das wirksamste Mittel gegen den Kater am nächsten Morgen, da so das Mineralien-Defizit des Körpers ausgeglichen wird. Dieses gilt als Hauptursache für alkoholbedingte Beschwerden.

Häufiger als Kaffee wird Tee getrunken, auch in ganz ungewöhnlichen Kombinationen zum Essen. Ölsardinen zum schwarzen Tee sind nichts Ungewöhnliches. Es darf während des gesamten Essens geraucht werden.

Häufiger als Kaffee wird Tee getrunken; auch in ungewohnten Kombinationen zum Essen

Dress-Code

Grundsätzlich liegt man mit eher konservativer Kleidung nie falsch.

Sie sollten sich daher für korrekte Kleidung mit konservativen Schnitten und gedeckten Farben entscheiden.

Das Tragen von Shorts, kurzen Kleidern und zu weit ausgeschnittenen Kleidungsstücken sollten Sie vermeiden. Das ist besonders beim Besuch einer orthodoxen Kirche zu beachten. Dort müssen alle Frauen ein Kopftuch tragen.

korrekte Kleidung mit konservativen Schnitten und gedeckten Farben

Auf besonders teure Marken und extravaganten Schmuck sollte verzichtet werden.

Einladungen und Gastgeschenke

Besucher sind immer wieder von der selbstverständlichen Gastfreundschaft beeindruckt. Es wird aufgetragen, was Küche und Keller hergeben und dies, bis sich die Tische biegen. Das gilt selbst für die ärmsten Familien, die nach ihren Möglichkeiten ihre Gäste verwöhnen.

Im gegenseitigen Umgang ist man recht konservativ, das Anrühren der Privatsphäre sollte man vermeiden. In der Regel ziehen Besucher vor dem Betreten einer Wohnung die Schuhe aus. Normalerweise bieten die Gastgeber den Gästen Erfrischungen an, deren Ablehnung aber nicht unbedingt als Unhöflichkeit gewertet wird.

vor Betreten einer Wohnung die Schuhe ausziehen

Geschenke spielen im gesamten russischsprachigen Raum eine sehr wichtige Rolle.

Gastgeschenke spielen eine sehr wichtige Rolle

Als Gastgeschenke bieten sich nützliche (Haushalts-) Gegenstände, aber auch hochwertige Lebensmittel und Spirituosen an. Wodka gehört allerdings nicht dazu, da er so billig wie Mineralwasser zu haben ist. Auch Blumen sind beliebt. (Ausnahmen: siehe „Tabus") Kinder freuen sich über Spielzeug und Schokolade.

Geschenke müssen nicht unbedingt verpackt sein. Wer dennoch auf eine Verpackung nicht verzichten möchte, sollte eine transparente wählen. Der Beschenkte soll möglichst schon beim Empfang wissen, was er erhält. Dies erleichtert

Geschenke müssen nicht unbedingt verpackt sein

ihm die Danksagung schon bei Erhalt des Geschenks, denn es wird nicht immer sofort geöffnet, sondern zunächst beiseite gelegt.

Trinkgeld

10 Prozent sind üblich. In einigen Hotels in Moskau und anderen Großstädten werden 10 bis 15 Prozent für Bedienung auf die Rechnung aufgeschlagen.

Businessgepflogenheiten

Amtssprache ist Russisch. Französisch und Englisch werden zum Teil gesprochen. Besser ist es aber, einen Dolmetscher zu Rate zu ziehen. Von Vorteil ist auch, wenn Sie Visitenkarten in Russisch oder Englisch mitbringen

Es wird absolute Pünktlichkeit erwartet

Ihre Geschäftspartner erwarten von Ihnen absolute Pünktlichkeit. Es ist ratsam, sich vereinbarte Termine noch einmal bestätigen zu lassen.

Verhandlungen

Verhandlungen dauern wesentlich länger als bei uns, sie werden häufiger durch gemeinsame Restaurantbesuche unterbrochen. Aufgestellte Zeitpläne sind nicht unbedingt bindend, man geht pragmatisch und wesentlich flexibler als bei uns damit um. Erweist sich eine Idee als nicht tragfähig, wird sie zugunsten neuer Ziele schnell fallen gelassen.

Die Kommunikation verläuft deutlich ruhiger als bei privaten Anlässen.

Klare Ablehnungen gibt es ebenso wenig wie spontane Begeisterung oder Kritik. Probleme werden oft „ausgesessen“. Wichtig ist Vertrauen und die persönliche Beziehung. Dabei kommt es häufiger als bei uns zu körperlichen Berührungen als Zeichen der Wertschätzung.

Tabus und Fettnäpfchen

- Rauchen ist weit verbreitet und akzeptiert. In öffentlichen Einrichtungen und Verkehrsmitteln usw. ist es allerdings verboten und wird geahndet. Nichtraucherzonen sind durch Hinweisschilder gekennzeichnet.
- Obwohl der Wodka-Genuss im internationalen Vergleich exorbitante Ausmaße angenommen hat (die durchschnittliche Lebenserwartung russischer Männer ist deshalb mitt-

lerweile auf 59 Jahre gesunken) gibt es ein wichtiges Tabu: Alkohol darf immer nur in Gesellschaft getrunken werden, niemals allein. Der Tourist, der gutmütig erzählt, er habe in der Hotel-Minibar einen besonders leckeren Whisky entdeckt, katapultiert sich mit diesem Geständnis ins gesellschaftliche Aus.

Alkohol darf immer nur in Gesellschaft getrunken werden, niemals allein

- Achtung: niemals gelbe Blumen verschenken! Sie verheißen Unglück (siehe Teil B, Kap. 2.2.9 „Farbsymbolik"). Wer beispielsweise eine Beziehung beenden will, verschenkt als Symbol der Trennung gelbe Blumen. Wer diese Farbe also aus Unwissenheit wählt, beschwört nach dem Volksglauben für eine Partnerschaft größtes Unheil herauf.

Tipps

- In manchen Reiseführern steht: *„Firmengeschenke werden gern angenommen."* Hinter dieser feinen Formulierung verbirgt sich etwas, über das niemand gern spricht, das aber alle erwarten: Bakschisch. In allen Ländern der ehemaligen Sowjetunion kommt man damit einfach weiter, bzw. ohne läuft gar nichts.

Mit Bakschisch kommt man einfach weiter

- Man wird es positiv anerkennen, wenn Sie wenigstens ein paar Worte Russisch sprechen.
- Humor ist ein wichtiger „Türöffner" zu russischen Herzen, deutsches Problembewusstsein und Griesgrämigkeit kommen nicht gut an.

Skandinavische Länder

Begrüßung

Dänemark: Beim Kennenlernen oder bei formellen Anlässen gibt man sich zur Begrüßung die Hand. Ansonsten legen die Dänen auf diese Geste keinen großen Wert. Bekannte begrüßen sich häufig mit *„Davs"* (*„Hallo"*).

Schweden: In Schweden begrüßt man sich mit *„Hej!"* (hei; *„Guten Tag"*). Der Gebrauch der Vornamen ist weit verbreitet, bedeutet jedoch nicht gleich Verbrüderung.

Finnland: Bei der Begrüßung ist ein Händedruck üblich. Die in Finnland allgemein übliche Grußformel lautet *„Hyvää* *päivä"* (hüwä paiwä; *„Guten Tag"*) oder einfach *„Päivä"*. Im Geschäftsleben wird auf förmliche Anrede großer Wert gelegt. Sie sollten darauf achten, dass Sie die Träger eines Offiziers- oder Ehrentitels mit der jeweiligen Bezeichnung anreden. In privaten Kreisen ist das zwanglose Ansprechen mit dem Vornamen weit verbreitet.

NORWEGEN: Begrüßung durch Handschlag. „Hey" oder „God Dag" (gu dag).

Tischsitten

Die Tischmanieren sind die gleichen wie im übrigen Nordeuropa. Zugeprostet wird mit dem Wort *„Skol"* – bevorzugt mit hochprozentigem Aquavit. Daher ist Vorsicht beim Alkoholkonsum geboten.

Gäste sollten erst trinken, nachdem der Gastgeber sein Glas erhebt.

Der Gastgeber bringt vor dem Essen einen Toast aus

Das Essen beginnt, nachdem der Gastgeber einen Toast ausgebracht hat. Es ist nicht üblich, den Gästen die Speisen aufzutragen. Jeder bedient sich selbst.

Dress-Code

In Sachen Garderobe herrscht in Skandinavien die gleiche Kleiderordnung wie in Deutschland.

Legere Kleidung; Abendkleidung nur bei besonderen Anlässen

Legere Kleidung wird überall akzeptiert, Abendkleidung wird nur bei besonderen Anlässen und in exklusiven Hotels und Restaurants erwartet. Dann sollten Sie sich allerdings etwas dunkler anziehen als in Deutschland üblich.

Einladungen und Gastgeschenke

Vor dem Betreten einer Wohnung ziehen sich die Besucher die Schuhe aus.

Vor Betreten einer Wohnung Schuhe ausziehen

Dank für die Einladung aussprechen

Sollten Sie sich verspäten, informieren Sie den Gastgeber kurz telefonisch. Als Geschenke sind Blumenbouquets, Wein oder Spirituosen willkommen. Wichtig bei Einladungen ist es, dem Gastgeber gegenüber seinen Dank für die Einladung auszusprechen. Dies sollte nach Möglichkeit vermittels einer kleinen humorvollen Rede geschehen.

Trinkgeld

In DÄNEMARK und FINNLAND sind Trinkgelder nicht üblich, weder im Hotel oder Restaurant noch im Taxi oder beim Friseur.

In den Rechnungen der Hotels und Restaurants ist das Trinkgeld bereits enthalten, ebenso in Taxigebühren. Gepäckträger und Personal in öffentlichen Toiletten bilden eine Ausnahme: Sie erwarten ein Trinkgeld.

SCHWEDEN: Taxifahrer erwarten mindestens 10 Prozent Trinkgeld.

In Hotels und Restaurants ist der Bedienungszuschlag im Rechnungsbetrag enthalten, ein Trinkgeld für guten Service ist aber üblich.

Businessgepflogenheiten

Im Geschäftsleben gilt Pünktlichkeit als oberstes Gebot. Büroschluss ist gemeinhin gegen 16 Uhr, das Wochenende ist für geschäftliche Besprechungen tabu. Auch zwischen 11.30 und 14.30 Uhr sollten Sie keine Termine legen, dann nämlich ist Mittagspause.

Pünktlichkeit ist oberstes Gebot

Besondere Regeln gelten für die Sommermonate Juli und August, in denen das Geschäftsleben quasi komplett zur Ruhe kommt.

Geschäftspartner kommen recht schnell zur Sache, Smalltalk ist weniger wichtig. Auch nicht schriftlich fixierte Absprachen sind in jedem Falle einzuhalten, da mündliche Vereinbarungen gleichwertig neben schriftlichen stehen.

wenig Smalltalk: Man kommt recht schnell zur Sache

Geschäftliche Dinge werden gerne auch im Restaurant besprochen, aber auch Einladungen nach Hause sind nicht unüblich.

Tabus und Fettnäpfchen

- Die Dänen sind ein recht humorvolles Volk. Doch seien Sie mit Ironie oder Polemik zurückhaltend, diese Art von Humor kommt nicht gut an. Die Dänen sind auf ihren kleinen Staat sehr stolz.
- Für Skandinavien insgesamt gilt: Diskussionen über die Integration in die EU oder die Bedeutung von Großmächten sollten Sie vermeiden.
- Es wird Wert auf eine gewisse persönliche Distanz gelegt. Auf Vertraulichkeiten und detaillierte Fragen nach familiären Verhältnissen sollte man verzichten
- In öffentlichen Verkehrsmitteln, vielen öffentlichen Gebäuden und auch am Arbeitsplatz ist das Rauchen verboten.

Tipps

Ein offenener, direkter und ehrlicher Kommunikationsstil wird geschätzt

- Wenn Sie Pluspunkte sammeln wollen, vergleichen Sie Kopenhagen, Helsinki oder Stockholm mit Paris – das nächste *Skol* wird sicher an Ihre Adresse gehen.
- Skandinavier schätzen einen offenen, direkten und ehrlichen Kommunikationsstil.
- Da Alkohol sehr teuer ist, ist Hochprozentiges als Geschenk gern gesehen.

SPANIEN

Begrüßung

Händedruck wird nur zwischen Männern ausgetauscht

Der Händedruck wird in Spanien nur unter Männern verwendet. Frauen begrüßen einander mit Wangenküsschen. Wenn Spanier einander vorgestellt werden, sagen sie *„Encantado de conocerle“* (*„Erfreut, Sie kennen zu lernen“*). Außer im Freundeskreis und unter Verwandten spricht man sich mit dem Nachnamen an, dem *„Señor“* („Herr“), *„Señora“* („Frau“) oder *„Señorita“* („Fräulein“) vorangestellt wird. Die Titel *„Don“* und *„Doña“* in Verbindung mit dem Vornamen dienen in manchen Regionen als besonders respektvolle Anrede.

Tischsitten

Einladungen in Restaurants sind häufig. Der Gastgeber übernimmt die Rechnung. Einzelrechnungen sind absolut unüblich.

Alkohol immer nur im Zusammenhang mit Speisen

Alkohol wird immer nur im Zusammenhang mit Speisen getrunken.

Dress-Code

stilvolle Kleidung wie in Italien oder Frankreich

In Touristenzentren herrscht in Kleidungsfragen längst Narrenfreiheit. Wer aber mit Spaniern privat in Kontakt treten oder andere Landesteile kennen lernen will: Stilvolle Kleidung wie in Italien oder Frankreich ist angebracht.

Bei Männern werden zu offiziellen Terminen Jackett und Krawatte erwartet. Business-Frauen sind mit klassischen Kostümen passend gekleidet. Abendkleidung ist nur bei besonders förmlichen Veranstaltungen vorgeschrieben.

Insgesamt kleiden sich Spanier aber eleganter als Deutsche. Diese machen sich insbesondere mit typischer „Touristenkleidung“ wie Shorts, Spaghetti-Tops, Unterhemden, Stoff-Sonnenhütchen, Jogginghosen und dergleichen Undelikatessen lächerlich.

Einladungen und Gastgeschenke

Seien Sie zum verabredeten Zeitpunkt zur Stelle, wundern Sie sich aber nicht, wenn Ihr Gesprächspartner das so genannte akademische Viertel für sich in Anspruch nimmt.

Bei einem offiziellen Abendessen weisen die Gastgeber ihren Gästen die Plätze an, bei dem sich Frauen und ältere Menschen zuerst setzen.

Abendessen erst um 22.00 Uhr

Übrigens: Das Abendessen wird in Spanien erst um 22.00 Uhr serviert (nach Geschäftsschluss).

Als Gastgeschenke eignen sich Wein, Pralinen und Blumen. Schenken Sie jedoch keine Chrysanthemen, sie gelten als Friedhofsblumen.

Trinkgeld

Das Bedienungsgeld ist in den Hotelrechnungen enthalten, trotzdem ist es üblich, dem Zimmerpersonal ein kleines Trinkgeld zu hinterlassen. Auch die Gepäckträger erhalten eine kleine Summe. In den meisten Restaurants ist die Bedienung in der Rechnung enthalten; Trinkgeld wird nach eigenem Ermessen gegeben. In Cafés und Bars hinterlässt man etwas Kleingeld. Taxifahrer mit Taxameter erwarten etwa 5 bis 10 Prozent Trinkgeld.

Businessgepflogenheiten

Amtssprachen sind Spanisch (Kastilianisch), Katalanisch, Galizisch und Baskisch. Verhandelt wird allerdings in Englisch. Terminvereinbarungen und Visitenkarten sind üblich. Denken Sie bei geschäftlichen Verabredungen daran, dass aufgrund des Klimas von 13.30 Uhr bis 15.30 Uhr allgemeine Mittagspause ist. Der Geschäftstag endet in der Regel dafür erst um 22 Uhr.

Terminvereinbarungen und Visitenkarten sind üblich

Tabus und Fettnäpfchen

- Spanien ist kein Nationalstaat, sondern ein Nationalitätenstaat. Die Einwohner Spaniens sind zu 20 Prozent Ka-

Spanien ist ein Nationalitätenstaat

talanen, zu 7 Prozent Galizier, zu 70 Prozent Kastilier und zu 3 Prozent Basken. Jede dieser Gruppen unterscheidet sich in Tradition und Sprache und ist stolz auf ihre Herkunft. Aus diesem Gründen sollten Verallgemeinerungen vermieden werden.

- Katalanisch ist zwar dem Spanischen eng verwandt (vergleichbar etwa wie Niederländisch und Deutsch), es ist aber kein Spanisch, sondern eine eigenständige Sprache. Dies gilt auch in besonderem Maße für Baskisch, das mit keiner indogermanischen Sprache verwandt ist, sondern ein in Europa einzigartiges Idiom darstellt.
- Vermeiden Sie auf jeden Fall jede Kritik am Stierkampf, thematisieren Sie nicht den Terrorismus und achten Sie auf religiöse Riten und Gebräuche.
- Obwohl bei fast jeder Gelegenheit Alkohol getrunken wird, verliert sofort jeder an Ansehen, der angetrunken wirkt. „Einen über den Durst" zu trinken gilt als unschicklich.

Tipp

- Die Siesta ist heilig. Von 14 bis 17 Uhr gibt es keine Telefonate, Besuche oder Verabredungen.

TÜRKEI

Begrüßung

am besten an den Gesprächspartnern orientieren

Fremde und Geschäftspartner begrüßen einander durch Handschlag. Frauen und Männer reichen sich allerdings nur in westlich geprägten Gesellschaftskreisen die Hand. Am besten an den Gesprächspartnern orientieren. Der Blickkontakt zwischen Männern und Frauen sollte auf ein Minimum reduziert werden.

Selbstbewusstes Auftreten von Frauen gegenüber Männern könnte zu Missverständnissen führen. Die Türkei ist immer noch stark patriarchalisch geprägt, von Frauen wird daher Zurückhaltung erwartet.

Tischsitten

Während der Fastenzeit sollten auch Besucher in der Öffentlichkeit tagsüber nicht essen, rauchen oder Alkohol trinken.

Nach Einbruch der Dunkelheit darf dann wieder geschlemmt werden. Gegessen wird entweder mit Messer und Gabel oder mit der rechten Hand. Niemals die linke Hand benutzen, sie gilt als unrein. Alkohol wird nur in lizensierten Restaurants und Bars ausgeschenkt.

Naseputzen bei Tisch gilt als grober Fauxpas

Naseputzen bei Tisch gilt als grober Fauxpas. Dazu erhebt man sich und entfernt sich vom Tisch oder sucht die Toilette auf.

Dress-Code

Freizeitkleidung wird in der Regel überall akzeptiert, Badekleidung, Shorts und entblößte Oberkörper sind jedoch ausschließlich dem Strandbereich vorbehalten. „Oben ohne“ wäre für Türkinnen unmöglich, Besucherinnen sollten sich ebenfalls zurückhalten. Diese Art von Freizügigkeit oder gar FKK ist fast in der gesamten Türkei verboten.

eher konservativ

Obgleich in der Türkei Ausländer in Kleidungsfragen im Gegensatz zu anderen moslemischen Nationen frei sind, sollten die eher konservativen Vorstellungen der Bevölkerung respektiert werden.

Einladungen und Gastgeschenke

Türken sind sehr gastfreundlich und laden gerne ihre Besucher zu sich nach Hause ein.

Beim Betreten der Wohnung ziehen Gäste ihre Schuhe aus

Beim Betreten der Wohnung ziehen Gäste ihre Schuhe aus und erhalten in der Regel spezielle Pantoffeln. Nur in sehr modern eingestellten Familien kann man die Schuhe anbehalten. Man sollte jedoch auch hier vorher fragen, wie die Gastgeber die „Schuhfrage“ behandeln.

Angebotene Speisen und Getränke sollten stets angenommen werden, eine Zurückweisung verstößt gegen das Gastrecht und wird als sehr unhöflich empfunden.

Als Gastgeschenke empfehlen sich Süßigkeiten, Schnittblumen oder Krawatten und Seidentücher.

Trinkgeld

Im Rechnungsbetrag von Hotels und Restaurants ist das Bedienungsgeld bereits enthalten. Dennoch erhalten Kellner 10 Prozent. Bei Taxifahrern wird der Fahrpreis aufgerundet (bis 10 Prozent). Kofferträger bekommen einen Euro pro Gepäckstück, Zimmermädchen einen Euro pro Tag.

Businessgepflogenheiten

dunkler Anzug für Männer, Hosenanzug für Frauen

Als Bekleidung für Männer empfiehlt sich ein dunkler Anzug mit zurückhaltend designter Krawatte. Frauen kleiden sich vorzugsweise elegant, möglichst im Hosenanzug.

Im Business wird zwar zuweilen Englisch oder sogar Deutsch gesprochen, mit türkischen Sprachkenntnissen erzielt man jedoch erhebliche Achtungserfolge. Ansonsten einen Dolmetscher hinzuziehen. Nach Möglichkeit sollten Sie auch einen Anwalt ihres Vertrauens an Ihrer Seite haben. Vereinbarungen immer schriftlich bestätigen und zweifelsfrei absichern lassen.

Pünktlichkeit wird sehr geschätzt

Pünktlichkeit wird sehr geschätzt, auch türkische Geschäftspartner erscheinen pünktlich. Der Austausch von Visitenkarten ist üblich. Auf Visitenkarten sind auch Titel und Positionen aufgeführt.

Geschäftszeiten: Montag bis Freitag 08.30 bis 12.00 und 13.30 bis 17.30 Uhr. In den Sommermonaten sind Behörden und viele Büros nachmittags geschlossen. Die Öffnungszeiten werden jedes Jahr durch den jeweiligen Provinzgouverneur bestimmt.

Tabus und Fettnäpfchen

Deutsche Ungeduld ist sehr unbeliebt

- Türken sind sehr patriotisch. Es gibt Gesprächsthemen, die man besser meiden sollte. Dazu gehören besonders die Kurdenfrage, der Zypernkonflikt und die Verfolgung der Armenier.
- Deutsche Ungeduld ist sehr unbeliebt, der türkische Zeitbegriff ist sehr flexibel und lässt auch Umwege und Ruhepausen zu.
- Wer auf einem Kissen oder auf dem Boden sitzt, darf niemals seinem Gegenüber die Schuhsohlen zeigen. Dies ist auch in der Türkei eine grobe Beleidigung. Nach Möglichkeit den Schneidersitz einnehmen.
- Das bei Tauchern gebrauchte „OK“-Zeichen, der Ring aus Zeigefinger und Daumen, ist eine schwere Beleidigung (vgleichbar dem ausgestreckten Mittelfinger bei uns).
- Einheimische Cafés sind eine Männerdomäne. Als allein reisende Frau würden Sie dort nur wenig Ruhe finden. Aber auch in Männerbegleitung ist weiblicher Besuch an solchen Orten sehr ungewöhnlich. Am besten beschränken Sie sich auf touristische Einrichtungen.

Tipps

- Bevor Sie jemanden fotografieren, bitten Sie ihn um Einverständnis. Im Gegensatz zu anderen islamischen Kulturen ist die Angst, abgelichtet zu werden, weniger verbreitet. Oft bedankt sich sogar das „Model“ dafür, dass es fotografiert wurde. Wer vorbildlich höflich sein möchte, bittet um die Adresse des Abgelichteten und sendet ihm später die Abzüge zu. In Moscheen und an militärischen Anlagen ist das Fotografieren verboten.
- In Kinos, Theatern, Stadtbussen und DOLMUS-Bussen ist das Rauchen verboten. Ansonsten steht man Rauchern sehr tolerant gegenüber.
- Obwohl der Islam in der Türkei das gesellschaftliche Leben weitgehend bestimmt, ist die Türkei kein islamischer Staat. Religion und Regierung sind getrennt. Daher haben auch Ausländer weitestgehende „Narrenfreiheit“. Dennoch ist man gut beraten, den Bogen nicht zu überspannen und islamische Sitten und Gebräuche zu beachten.
- Feilschen ist in türkischen Bazaren ein Volksport, dem nichts Anrüchiges wie etwa in Deutschland anhaftet. Man sollte sich allerdings Zeit nehmen und nur bei echtem Kaufinteresse handeln. Der Kaufpreis sollte dann mindestens um ein Viertel unter der vom Händler ursprünglich geforderten Summe liegen.

Obwohl die Türkei kein islamischer Staat ist, sollte man islamische Sitten und Gebräuche beachten

UNGARN

Begrüßung

Männer grüßen einander mit einem sehr kräftigen Händedruck, bei Frauen fällt er etwas leichter aus. Titel wie Doktor oder Professor werden in Kombination mit dem Nachnamen verwendet. Mit dem Vornamen grüßen sich nur gute Freunde und Verwandte.

Titel in Kombination mit dem Nachnamen

Tischsitten

Beim Essen werden Trinksprüche auf die Gäste oder eine gute Zusammenarbeit ausgebracht. Man sollte für solche Gelegenheiten einige Worte vorbereiten, da Trinksprüche erwidert werden müssen. „*Egészségünkre*“ heißt „*Zum Wohl*“.

Ansonsten entsprechen die Tischsitten denen in Deutschland.

Dress-Code

im Zweifelsfall eher formal als leger

Im Geschäftsleben gilt die gleiche Kleiderordnung wie in Deutschland. Im Zweifelsfall eher formal als leger. Auf Einladungskarten werden keine Angaben über die erwünschte Garderobe gemacht. Am besten wählen Sie dann ein elegantes, nicht zu offizielles Outfit. Bei privaten Anlässen geht es sehr leger zu.

Einladungen und Gastgeschenke

Die ungarische Gastfreundschaft ist sprichwörtlich. Häufig werden die Gäste zu Restaurantbesuchen eingeladen.

Einladungen nach Hause werden gerne ausgesprochen

Auch Einladungen nach Hause werden gerne ausgesprochen. Es wird Wert auf pünktliches Erscheinen gelegt.

Der erste Besuch ist in der Regel kurz, er dauert nur bis nach dem Kaffee. An Wochentagen verabschieden sich Gäste wegen des frühen Arbeitsbeginns am nächsten Tag bis spätestens 23.00 Uhr. Die Umgangsformen bei privaten Anlässen sind locker und humorvoll.

Kleine Gastgeschenke sind üblich, ganz besonders, wenn man zum Essen eingeladen wird. Es bieten sich Souvenirs aus der Heimat oder Cognac an. Der Wert des Geschenks ist nicht entscheidend.

Trinkgeld

Kellner, Taxifahrer und Hotelpersonal erwarten ein Trinkgeld. Zum Rechnungsbetrag werden 10 bis 15 Prozent addiert.

Businessgepflogenheiten

Visitenkarten mit ungarischer Übersetzung bereithalten

Termine müssen vorher vereinbart werden. Pünktlichkeit wird sehr geschätzt. Visitenkarten werden viel benutzt; es empfiehlt sich, eine ausreichende Anzahl mit ungarischer Übersetzung bereitzuhalten. Auf den Visitenkarten sind Titel und Positionen vermerkt.

Auf formelle Kleidung wird Wert gelegt. Ungarische Geschäftsleute sind sehr freundlich, die Umgangsformen sind wesentlich formaler als im Privatbereich.

Gespräche werden direkt und offen geführt

Gespräche werden direkt und offen geführt. Ein wenig Understatement kommt besser an als die offene Zurschaustellung von persönlichen oder beruflichen Verdiensten und Qualifikationen.

Es besteht die Neigung, Probleme „herunterzureden“, auch Kritik sollte dezent angebracht werden. Es wird ein sehr pragmatischer Umgang mit Tagesordnungen gepflegt. Improvisationstalent und thematische Flexibilität haben Vorrang vor logischer Stringenz. Bei wichtigen Verhandlungen sollte ein Dolmetscher zugegen sein.

sehr pragmaticher Umgang mit Tagesordnungen

Wichtig ist besonders der persönliche Kontakt unter Geschäftsleuten. Daher werden Meetings oft durch Restaurantbesuche unterbrochen.

Günstigste Zeit für Geschäftsreisen ist von September bis Mai. Geschäftszeiten: Montag bis Donnerstag 08.30 bis 16.30 Uhr, Freitag 08.00 bis 14.00 Uhr.

Tabus und Fettnäpfchen

- Statusprahlereien sind sehr unbeliebt.
- Humorlose Menschen haben es in Ungarn schwer.

Tipps

Es wird sehr geschätzt, wenn Gäste wenigstens einige Worte ungarisch beherrschen

- Die ungarische Sprache ist für uns sehr schwer zu erlernen, da sie der finnisch-ugrischen Sprachfamilie angehört und mit den bekannten europäischen Sprachen nicht verwandt ist. Gerade deshalb wird es sehr geschätzt, wenn Gäste wenigstens einige Worte ungarisch beherrschen. Es bieten sich dazu die die üblichen Grußformeln an *„Jó napot kivánok“* (*„Guten Tag“*), *„Jó reggelt kivánok“* (*„Guten Morgen“*) und *„Jó estét kivánok“* (*„Guten Abend“*).
- Ungarn verfügt über eine kreative und sprachbegabte Technikerelite. Dieses Thema sowie der enorme technologische und politische Aufschwung der letzten Jahre bieten ein weites Feld für Komplimente an die ungarischen Gastgeber.
- In öffentlichen Verkehrsmitteln und öffentlichen Gebäuden ist das Rauchen verboten; in Fernverkehrszügen darf man dagegen rauchen.

AMERIKA

USA

Begrüßung

Wichtig ist ein selbstbewusstes, positives und freundliches Auftreten

Man begrüßt einander mit Handschlag. Der Händedruck ist fest und der Augenkontakt intensiv. Wichtig ist ein selbstbewusstes, positives und freundliches Auftreten. Man stellt sich zunächst mit Vor- und Nachnamen vor, wechselt dann aber sehr schnell zum Vornamen. Dies ist allerdings nicht als Verbrüderung zu verstehen. Amerikaner unterscheiden, obwohl ausschließlich das Du benutzt wird, sehr fein zwischen engen Freunden und dem weiteren Bekanntenkreis.

Man stellt sich zunächst selbst dem ranghöchsten (Geschäfts-)Partner vor, diesen macht man dann in der Reihenfolge ihrer Stellung mit seinen Begleitern bekannt.

Auch wenn man sich nur für wenige Minuten auf der Straße trifft, werden alle Beteiligten miteinander bekannt gemacht. Titel und Adelsprädikate spielen keine Rolle, sie werden weder in der Anrede verwendet noch auf Visitenkarten angegeben.

Tischsitten

Die Tischsitten entsprechen im Wesentlichen denen Deutschlands. Es gibt jedoch einige Ausnahmen: Das Messer wird konsequent nur zum Schneiden benutzt, es dient nicht als Schiebeinstrument für die Gabel.

Fleisch zunächst mit dem Messer in kleine Stückchen schneiden

Das Fleisch wird zunächst mit dem Messer in kleine Stückchen geschnitten, danach wird das Messer beiseite gelegt und die Fleischstückchen sowie die übrigen Speisen mit der Gabel verzehrt. Die linke Hand ruht dabei im Schoß. In den Augen der Amerikaner gilt es als gierig, das Fleisch sofort nach dem Schneiden zu verzehren.

Man plaudert beim Essen deutlich mehr als in Deutschland

Es gilt als unschicklich, die Ellbogen auf den Tisch zu stützen. Als sehr unhöflich wird auch das Schweigen während der Mahlzeiten eingeschätzt. Man plaudert beim Essen deutlich mehr als in Deutschland. Geschäftliche Themen stehen dabei allerdings nicht im Vordergrund, es wird vielmehr ein ausgiebiger Smalltalk gepflegt. Geschäftliche und andere wichtige Themen bespricht man besser bei einem anschließenden Drink. Die Hauptmahlzeit ist das Abendessen, das Mittagessen fällt eher spärlich aus.

Bei der Rechnungsstellung gilt das Prinzip von Einladung und Gegeneinladung, es wird nicht getrennt bezahlt.

Dress-Code

Der Dress-Code ist wesentlich lockerer als bei uns. Legere Freizeitkleidung ist fast überall angemessen. Selbst in Restaurants sind Holzfällerhemd und Baseballkappe kein Fauxpas. In guten Restaurants allerdings, bei offiziellen Anlässen und geschäftlichen Treffen sind Anzug und Krawatte ein Muss.

bei offiziellen Anlässen und geschäftlichen Treffen sind Anzug und Krawatte ein Muss

Bei besonderen festlichen Anlässen ist für die Herren ein Smoking oder Tuxedo (festlicher Anzug mit Rüschenhemd) und für die Damen ein Abendkleid zu empfehlen. Bei solchen Anlässen geht es wesentlich eleganter zu als in Deutschland.

Wer die USA für ein freizügiges Land hält, wird am Strand erstaunt feststellen, dass „oben ohne" ein absolutes Tabu ist. FKK ist völlig undenkbar.

Einladungen und Gastgeschenke

Zwar wird man dauernd zu irgendjemandem nach Hause eingeladen, die Amerikaner sprechen solche Einladungen aber sehr großzügig aus. *„Komm doch mal vorbei"* ist nicht wirklich eine Einladung, sondern lediglich eine Höflichkeitsfloskel. Wenn nicht sofort ein konkreter Termin dazu genannt wird und diese Einladung später telefonisch oder schriftlich bestätigt wird, können Sie davon ausgehen, dass sie nicht ernst gemeint war. Wenn Sie aber „echte" Einladung erhalten haben, ist dies Ausdruck großer Wertschätzung. Es empfiehlt sich dann ein pünktliches Erscheinen.

Einladungen, die nicht bestätigt werden, waren nicht ernst gemeint

Ansonsten sind die Umgangsformen ähnlich wie in Deutschland. Es geht nur alles ein wenig humorvoller und lockerer zu. Insbesondere lieben die Amerikaner es nicht, Problemgespräche zu führen. Deutsche Griesgrämigkeit und Schwermut sind nicht gefragt.

Als Gastgeschenke empfehlen sich Souvenirs aus Deutschland, Wein, Konfekt oder ein Blumenstrauß.

Trinkgeld

Das Bedienungsgeld ist nicht Bestandteil der Rechnung. Übliches Trinkgeld sind 15 Prozent vom Rechnungsbetrag, wenn der Service besonders gut war, gibt man als Anerkennung auch 20 Prozent. War der Service dagegen besonders schlecht, verzichtet man nicht auf die Gabe von Trinkgeld, man kürzt es lediglich auf etwa 10 Prozent.

Trinkgelder sind jedoch stark von der Region abhängig, in der Sie sich befinden. In New York zum Beispiel sind die Trinkgelder generell höher als in anderen Staaten. 20 Prozent sind hier der Mindestbetrag. Taxifahrer und Friseure erwarten 15 Prozent, Gepäckträger einen US-Dollar pro Gepäckstück.

Ablehnungen werden klar ausgesprochen und Positionen ohne Umschweife vertreten

Businessgepflogenheiten

Business-Meetings beginnen pünktlich. Die Kommunikation ist direkt und unkompliziert. Ablehnungen werden klar ausgesprochen und Positionen ohne Umschweife vertreten. Richten Sie sich darauf ein, dass Ihre Gesprächspartner unverblümt sehr direkte Fragen stellen. Der Arbeitsstil ist effektiv und zielorientiert, man erwartet als Gesprächspartner Problemlöser und keine Problemmacher.

Geschäftlichen Besprechungen geht ein ausgiebiger Smalltalk voran.

Der Verhandlungsstil ist im Allgemeinen härter als bei uns. Sie sollten daher auf jeden Fall bei wichtigen Entscheidungen einen kompetenten Anwalt an Ihrer Seite haben.

Termine werden vorher vereinbart und pünktlich eingehalten. Zu Beginn eines Gesprächs werden Visitenkarten ausgetauscht.

US-Amerikaner bevorzugen zuverlässige Geschäftspartner, die Lieferzeiten prompt einhalten, Probleme umgehend beseitigen und einen optimalen Kundenservice bieten.

Geschäftszeiten sind Montag bis Freitag 9.00 Uhr bis 17.30 Uhr.

Gespräche zwischen Tür und Angel gelten als unhöflich

Tabus und Fettnäpfchen

- Religion ist in den USA eine Privatangelegenheit, über die man nicht spricht.
- Es gilt in den USA als unhöflich, beleidigt zu reagieren, schlechte Laune zu zeigen oder häufig zu kritisieren.
- Gespräche auf dem Flur, zwischen Tür und Angel oder über Schreibtische hinweg gelten als unhöflich. Wer etwas zu

besprechen hat, nimmt sich dafür Zeit und schafft eine angenehme Gesprächsatmosphäre durch ansprechendes Ambiente. Man zieht sich dazu in eine entsprechende Besprechungsecke zurück.

- Wichtiges Kommunikationsmedium sind Mimik und Gestik. Wie man etwas sagt, ist fast noch wichtiger als was man sagt. Oberster Grundsatz ist die Ausstrahlung von Selbstbewusstsein. Dies verdeutlicht man auch durch einen intensiven Augenkontakt.

Oberster Grundsatz ist die Ausstrahlung von Selbstbewusstsein

- Wie auch in England ist es nicht unhöflich, während eines Gesprächs die rechte Hand in der Hosentasche zu halten. Unhöflich wird es erst, wenn man dies mit beiden Händen macht.

Tipp

- Aufgrund vieler einschlägiger Gerichtsurteile macht sich in den USA besonders unter Männern die Angst breit, wegen „sexueller Belästigung“ angezeigt zu werden. Man vermeidet daher zunehmend, Frauen Privilegien („Ladies first“, Tür aufhalten, in den Mantel helfen usw.) zu gewähren. Alles, was „zuvorkommend“ erscheint, macht sich verdächtig.

  Wundern Sie sich als Frau daher nicht, wenn sich Männer bei der Begrüßung zwar die Hand schütteln, Sie aber nur mit einem kurzen Kopfnicken ohne besonderen Augenkontakt „abspeisen“.

MEXIKO

Begrüßung

Die Begrüßung per Handschlag ist üblich. Unter Freunden sind auch Umarmungen und Küsse möglich. Man stellt sich namentlich vor und verwendet dabei auch Titel, Ämter und Funktionen. Diese werden auch in der Anrede und auf Visitenkarten verwendet.

Titel, Ämter und Funktionen auf Visitenkarten

Tischsitten

Bei Tisch wird eine rege Konversationen gepflegt, die aber Geschäftliches ausklammert. Es empfiehlt sich, mit geschäftlichen Themen so lange zu warten, bis der Gastgeber von sich aus damit anfängt.

Salzstreuer nie von Hand zu Hand weiterreichen

Salzstreuer werden nie von Hand zu Hand weitergereicht. Dies würde Unglück bedeuten. Man stellt sie nach Gebrauch wieder zurück auf den Tisch zurück und der Nächste bedient sich. Rauchen bei Tisch ist üblich und wird allgemein akzeptiert.

WICHTIG: Man erhebt sich nach dem Essen erst, wenn der Gastgeber die „Tafel aufgehoben“ hat. Auf eigene Initiative die Runde zu verlassen, wird als unhöflich betrachtet.

Das Essen besteht in der Regel aus mehreren Gängen und zieht sich nicht selten über Stunden hin.

Die Rechnung bezahlt der Gastgeber, Einzelabrechnungen sind nicht üblich. Gerne wird jedoch das Spiel gespielt *„Wer bezahlt die Rechnung?“*. Es gehört dabei zum Ritual, dass der Gastgeber schließlich „siegt“ und bezahlt. Wer eingeladen wird, muss allerdings mit einer Gegeneinladung antworten.

Dress-Code

Auch bei großer Hitze sind dunkle und gedeckte Farben angesagt

Mexikaner kleiden sich sehr formal. Auch bei großer Hitze sind dunkle und gedeckte Farben angesagt. Frauen tragen ein Kostüm und Männer einen Anzug, auch schon einmal ohne Krawatte. Nur bei eindeutig privaten Anlässen kann auf legere Freizeitkleidung zurückgegriffen werden. In den bekannten Touristenorten geht es sehr zwanglos zu.

In Mexiko-City erwarten Restaurants und Hotels elegante Kleidung.

Hosenanzüge bei Frauen sind gesellschaftlich nicht akzeptiert.

Einladungen und Gastgeschenke

Es empfiehlt sich, deutlich später als verabredet zu erscheinen

Es ist durchaus üblich, Freunde und Geschäftspartner nach Hause zum Essen einzuladen. Es wird dabei keine Pünktlichkeit erwartet. Im Gegenteil: Es empfiehlt sich, deutlich später als verabredet zu erscheinen.

Vorsicht: nicht jede Einladung ist auch eine echte Einladung. Mexikaner sprechen häufig Einladungen aus. Wenn sie nicht mehrfach wiederholt und bestätigt wird, können Sie davon ausgehen, dass es sich bei einer ausgesprochenen Einladung lediglich um eine unverbindliche Höflichkeitsgeste handelt.

Bei privaten Einladungen, auch wenn sie Geschäftspartnern gelten, sind geschäftliche Themen tabu. Solche Begegnungen dienen dazu, einander persönlich kennen zu lernen. Geschäftliches Interesse kann dabei vorausgesetzt werden, sonst wäre die Einladung nicht ausgesprochen worden. Gesprochen wird darüber allerdings erst am nächsten Tag in geschäftlicher Verhandlungsatmosphäre.

Bei privaten Einladungen sind geschäftliche Themen tabu

Als Gastgeschenke empfehlen sich für Frauen Pralinen oder Blumen (keine gelben!) für Männer Alkoholika, möglichst ausländischer Marken.

Trinkgeld

Bedienungsgeld ist normalerweise in Rechnungen nicht enthalten. Das Personal bestreitet seinen Lebensunterhalt allein durch Trinkgeld. Dies beträgt in der Regel 15 bis 20 Prozent vom Rechnungsbetrag, bei besonders gutem Service auch schon einmal mehr. Taxifahrer, Friseure und Hotelpersonal erhalten 10 bis 15Prozent.

Das Personal bestreitet seinen Lebensunterhalt allein durch Trinkgeld

Businessgepflogenheiten

Amts- und Geschäftssprache ist spanisch. Spanische Geschäftsbriefe sollten auch auf Spanisch beantwortetet werden. Es wird auch auf Englisch verhandelt. Davon kann jedoch nicht immer ausgegangen werden. Bei Verhandlungen möglichst einen Anwalt hinzuziehen.

Termine werden selten pünktlich eingehalten, unter Umständen sogar einmal vergessen. Sie sollten daher alle Termine einige Tage vorher bestätigen und am Tag des Termins fragen, ob es bei der Verabredung bleibt. Von ausländischen Geschäftspartnern erwartet man allerdings mehr Pünktlichkeit als von Landsleuten.

Termine bestätigen lassen

Eine ungünstige Zeit für Geschäftsreisen sind die Monate Juli, August und Dezember sowie jeweils zwei Wochen vor und nach Ostern und Weihnachten. Bitte beachten Sie auch die Siesta von 14.00 bis 15.00 Uhr. Geschäftszeiten sind allgemein von 9.00 bis 14.00 und 15.00 bis 18.00 Uhr.

Visitenkarten sind weit verbreitet und werden gerne überreicht und empfangen.

Besonderer Wert wird auf korrekte Anrede mit Titeln und evtl. Adelsprädikaten gelegt. Wer sich nicht ganz sicher ist, wählt statt der Anrede *„Senor“* den Titel *„Licenciado“* (Be-

Besonderer Wert wird auf korrekte Anrede mit Titeln gelegt

zeichnung für Absolventen eines Studiums im Bereich Wirtschaft und Verwaltung).

Besonderer Raum wird im Geschäftsleben dem Smalltalk und der Schilderung persönlicher Erlebnisse gewidmet. Zeigen Sie dabei auf keinen Fall Ungeduld, hören Sie intensiv zu, aber vermeiden Sie detailliertes Nachfragen.

Tabus und Fettnäpfchen

- Als größte Untugend gilt in Mexiko die Ungeduld. Zeigen Sie insbesondere nie, dass Sie sich über die Unpünktlichkeit Ihrer Gesprächspartner ärgern.
- Beachten Sie, dass die mexikanisch-nordamerikanischen Beziehungen nicht immer ganz unproblematisch sind.

Der Augenkontakt ist in Mexiko wesentlich kürzer als bei uns

- Der Augenkontakt bei Gesprächen und Begrüßungen ist in Mexiko wesentlich kürzer als bei uns. Bringen Sie Ihren Gesprächspartner daher nicht durch intensiven Augenkontakt in Verlegenheit.
- Niemals gelbe Blumen verschenken. Diese sind allein den Toten vorbehalten.
- Körperkontakt ist in Mexiko wesentlich intensiver als bei uns. Weichen Sie daher nicht zurück, wenn Ihnen ein Gesprächspartner „zu nahe tritt“, längere Zeit Ihre Hand schüttelt, Ihre Schulter klopft oder Sie gar umarmt.

Tipp

- Höfliches Auftreten wird in Mexiko sehr geschätzt.
- Fragen Sie vor dem Fotografieren – besonders der indianischen Urbevölkerung – stets, ob Einwände gegen das Ablichten bestehen.
- Ausländische Besucher machen sich sehr beliebt, wenn sie wenigstens die Grundlagen der spanischen Sprache beherrschen.

BRASILIEN

Begrüßung

Die Brasilianer begrüßen einander mit Handschlag. Wer einer kleineren Gruppe von Leuten begegnet oder sich von dieser verabschiedet, schüttelt jedem Anwesenden die Hand. Kennt man jemanden besonders gut, küsst man ihn auf die Wangen. Zweimal bei Eltern, dreimal junge Leute untereinander.

Bei der Vorstellung werden Visitenkarten ausgetauscht. Diese enthalten auch Titel und Positionsbeschreibungen.

Tischsitten

Das Messer wird nur zum Schneiden benutzt

Gegessen wird mit Besteck, das aber oft aus unserer Sicht „verkehrt“ herum liegt (Messer links und Gabel rechts neben dem Teller). Das Messer wird nur zum Schneiden benutzt, gegessen wird mit der rechten Hand.

Im Restaurant wird die Rechnung ausschließlich für die ganze Gruppe gestellt. Sie wird dann innerhalb der Gruppe einfach durch die Anzahl der Personen geteilt. Niemals darauf bestehen, kleinkrämerisch auseinander zu dividieren, wer genau was verzehrte!

Dress-Code

Im Geschäftsleben ist formelle Kleidung angebracht

Freizeitkleidung ist tagsüber üblich, abends geht es sehr elegant zu. Auf Einladungskarten zu gesellschaftlichen Ereignissen sind meist Hinweise zur gewünschten Garderobe vermerkt.

Im Geschäftsleben ist formelle Kleidung angebracht. Zu festlichen Anlässen werden dunklen Anzüge oder Smokings sowie dunkle Abendkleider getragen.

Ansonsten gilt besonders für Frauen: Ziehen Sie sich so leger und knapp wie möglich an. Trägerlose Tops, Oberteile mit tiefen Dekolletees, kurze Röcke – wer will und kann, wird hier durch keine Grenzen beschränkt. Es darf, ja es muss sexy sein!

Am Strand gilt die Devise: Weniger ist mehr. Wer sich mit drei Briefmarken bedeckt, gilt noch als angemessen angezogen. Was eigenartiger Weise jedoch völlig verpönt ist, ist komplett „oben ohne“. Das gilt als vulgär.

Einladungen und Gastgeschenke

Die Brasilianer gehen mit Einladungen nach Hause recht großzügig um. Sie werden des Öfteren hören: *„Komm doch mal vorbei“*. Das bedeutet aber nicht viel, es ist eine Höflichkeitsfloskel. Wer es wirklich ernst meint mit einer Einladung, vereinbart auch sofort einen Termin und tauscht Telefonnummern aus, um ihn noch einmal zu bestätigen.

Rote Blumen gelten als anzüglich

Kleine Gastgeschenke sind üblich. Es bieten sich Blumen, Konfekt oder Mitbringsel aus der Heimat an. Achtung Farbsymbolik: Rote Blumen werden nicht verschenkt, dies gilt als anzüglich!

Bei der Verabschiedung öffnet niemals der Gast selbst die Haus- oder Wohnungstür. Das wäre grob unhöflich und hieße, dass er dieses Haus nie wieder betreten wolle. Man wartet stattdessen, bis der Gastgeber die Tür öffnet.

Zu Einladungen erscheint man grundsätzlich später als verabredet

Lädt ein Mann eine Frau ein, bezahlt er auch.

PÜNKTLICHKEIT: Zu Einladungen erscheint man grundsätzlich später als verabredet.

Trinkgeld

10 bis 15 Prozent Trinkgeld sind angemessen und werden erwartet. Oft ist das Bedienungsgeld bereits in der Rechnung enthalten. Dies ist aber nicht unbedingt die Regel.

Businessgepflogenheiten

Im Vergleich zu Europäern haben Brasilianer jede Zeit der Welt. Hektik ist unbekannt. Verhandlungen ziehen sich scheinbar endlos hin und werden immer wieder von ausgedehnten Restaurantbesuchen unterbrochen.

Die persönliche Beziehung ist wichtiger als die „Hard Facts“

Ausgiebig wird „gesmalltalkt“, wobei auch persönlichen Erlebnissen breiter Raum gewährt wird. Überhaupt ist die persönliche Beziehung und Sympathie zwischen Geschäftspartnern wichtiger als so genannte „Hard Facts“.

kontroverse Meinungen humorvoll und charmant vortragen

Es ist durchaus höflich, kontroverse Meinungen zu äußern. Diese sollen jedoch immer humorvoll und charmant vorgetragen werden. Direkte und schroffe Entgegnungen sind verpönt.

Das gesprochene Wort ist wichtiger als schriftliche Unterlagen wie Prospekte, Beschreibungen usw. Diese können unterstützend eingesetzt werden, bilden jedoch keinen Schwerpunkt z.B. einer Präsentation.

Tabus und Fettnäpfchen

- Es wird allgemein als unhöflich betrachtet, persönliche Fragen zum Beispiel nach dem Alter oder dem Einkommen zu stellen.
- Themen, die Kriminalität und soziale Probleme behandeln, sollten ausgespart werden.

- Es gilt als Ekel erregend, wenn sich jemand am Tisch oder überhaupt öffentlich die Nase putzt. Dies trifft auch zu für die Benutzung von Zahnstochern.

Nase putzen in der Öffentlichkeit ist verpönt

- Der direkte, fixierende Blickkontakt ist nicht üblich. Auch nicht bei Begrüßungen oder beim Zuprosten.

direkter, fixierende Blickkontakt ist nicht üblich

- Der überwiegende Teil der Bevölkerung ist römisch-katholisch und sehr gläubig, Besucher sollten dies respektieren und eigene evtl. atheistische Positionen zurückstellen.

Tipps

- Brasilianer sind sehr gastfreundlich und bieten häufig Tee oder Kaffee oder sogar ein ganzes Essen an. Seien auch Sie daher sehr großzügig und erwidern Einladungen stets mit Gegeneinladungen.
- Rauchen ist fast überall gestattet und gesellschaftlich akzeptiert.
- Brasilien ist stark gruppenorientiert, ohne persönliche Beziehungen läuft gar nichts.
- Wer es mit Behörden oder Uniformträgern zu tun hat, ist gut beraten, wenn er sich überhöflich mit leicht devoter Tendenz verhält. Autoritäten erwarten einen für unsere Verhältnisse ungewöhnlichen „Gehorsam".

Ohne persönliche Beziehungen läuft gar nichts

AUSTRALIEN

Begrüßung

In Australien ist ein eher lockerer Umgangston zu beobachten. Händeschütteln ist nicht üblich. Wird es in Ausnahmefällen dennoch praktiziert, beschränkt es sich auf Begrüßungen unter Männern. Frauen begrüßen einander zunehmend mit flüchtigem Wangenkuss.

Händeschütteln ist nicht üblich

Im Privatbereich genügt es, bei der Vorstellung den Vornamen zu nennen. Im Business stellt man sich zusätzlich mit Familiennamen vor, dieser wird dann allerdings auch relativ schnell weggelassen. Man sollte damit aber warten, bis der Gesprächspartner die Anrede mit Vornamen anbietet. Häufig wird man auch mit einem einfachen „*Hi*" begrüßt.

Titel spielen keine Rolle

Titel, Adelsprädikate usw. sind in Australien unwichtig und werden weder bei der Vorstellung noch in der Anrede genannt. Auch auf Visitenkarten werden sie nicht aufgeführt.

Tischsitten

Wie in den USA wird das Fleisch zunächst mit Messer und Gabel in kleine Stücke zerteilt. Danach legt man das Messer beiseite und isst die Stücke mit der Gabel. Die linke Hand ruht dabei im Schoß.

Einladungen stets mit einer Gegeneinladung beantworten

In Pubs und Restaurants ist es üblich, einander abwechselnd einzuladen oder auch einzelne Runden zu übernehmen. Einladungen müssen stets mit einer Gegeneinladung beantwortet werden.

Dress-Code

Auf die Krawatte kann verzichtet werden

Da es in Australien meist sehr heiß ist, ist „casual", also leichte Kleidung durchaus salonfähig. Im Business geht es allerdings eine Spur förmlicher zu, hier wäre ein Anzug bzw. Kostüm anzuraten. Es ist allerdings nicht unüblich, dabei auf die bei uns obligatorische Krawatte zu verzichten.

In Sydney und Melbourne wird dies etwas strenger gehandhabt. Dort sollte man zumindest beim ersten Treffen auch eine Krawatte anlegen.

In Brisbane kann man nicht selten auf Geschäftsleute treffen, die Shorts zu Hemd und Krawatte tragen.

Einladungen und Gastgeschenke

Häusliche Barbecues werden Restaurantbesuchen vorgezogen

Einladungen nach Hause sind unter Freunden (und dazu zählen Sie relativ schnell, auch als Business-Partner) häufig. Besonders beliebt sind die allgegenwärtigen Barbecues, die Restaurantbesuchen vorgezogen werden. Zu diesen Einladungen erscheint man – wie auch zu Geschäftsterminen – pünktlich.

Als Gastgeschenk bietet sich eine Flasche Wein an, zu Barbecues bringt man eigene Getränke und auch Essen mit.

Trinkgeld

Trinkgeld ist (noch) unüblich

Australien ist eines der wenigen Länder, in denen Trinkgeld (noch) unüblich ist. Es gibt aber erste Anzeichen, dass auch hier eine Trinkgeld-Kultur beginnt. 10 Prozent für den Service in Hotels und Restaurants wären angemessen, sind aber nicht erforderlich. Taxifahrer, Friseure usw. erwarten kein Trinkgeld.

Businessgepflogenheiten

Auch im Business geht man eher leger miteinander um. Breiter Raum wird dem Smalltalk eingeräumt. Arbeitskollegen und auch Businesspartner treffen sich gerne auf ein Gläschen zum „Warm up". Das dauert dann auch etwas länger als bei uns.

Ein Gläschen zum „Warm up" ist üblich

Während solcher Treffen ist Geschäftliches tabu. Australier trennen sehr fein zwischen Job und Privatleben. Außerhalb der Unternehmen wird nicht über die Arbeit gesprochen. Termine werden im Voraus vereinbart. Auch bei Business-Meetings ist ein Drink nicht unüblich.

Als bevorzugte Zeit für Geschäftsreisen empfehlen sich die Monate zwischen März und November. Bürozeiten: Montag bis Freitag 09.00 bis 17.30 Uhr.

Tabus und Fettnäpfchen

- Australische Gesprächspartner erscheinen gerne leicht unpünktlich. Wer daraus schließt, es mit der Pünktlichkeit ebenfalls nicht so genau nehmen zu müssen, wird erstaunt feststellen, dass Pünktlichkeit durchaus einen hohen Wert darstellt und auch erwartet wird. Erscheinen Sie daher immer pünktlich und sehen Sie den Einheimischen ihren zuweilen eher lockeren Zeitbegriff nach.

Erscheinen Sie immer pünktlich

- Rauchen ist in Australien „Mega-out". Wenn Sie nicht als Suchtmensch missachtet werden wollen, verzichten Sie darauf zumindest in der Öffentlichkeit.

Rauchen ist in Australien „Mega-out"

- Statusprahlereien, besonders solche, die immatrieller Natur sind, wie das Herausstellen hervorragender Ausbildung, Titel oder beruflicher Erfolge sind äußerst unbeliebt.
- Es hält sich das unausrottbare Vorurteil, dass Australien in den Anfängen der „weißen" Besiedelung vorwiegend von England aus mit Strafgefangenen besiedelt worden sei, die man los werden wollte.

  Die Witze darüber, dass die heutigen Australier allesamt Nachfahren dieser unrühmlichen Ahnen wären, sollte man den Australiern selbst überlassen. Bei Ausländern findet man sie weniger lustig.

keine Witze über Australiens Vergangenheit als Strafkolonie

Tipps

Man sagt, was man denkt und dies auch gerne sehr direkt

- In Australien wird ein offener, durchaus auch konfrontativer Kommunikationsstil gepflegt. Man sagt, was man denkt und dies auch gerne sehr direkt. Wie in Deutschland ist ein klares Nein keineswegs unhöflich und wird sogar als eindeutige Stellungnahme geschätzt. Längeres „Drumherumreden" sollte man vermeiden.
- Sportlichkeit ist Trumpf, wer sich als Couch-Potatoe oder als an Sportthemen uninteressierter Zeitgenosse outet, wird dafür wenig Anerkennung ernten.
- Was dagegen sehr gut ankommt, sind Humor und Understatement sowie ein für unsere Verhältnisse sehr häufiger Gebrauch des Wörtchens *„Thank you"*.
- Ebenso geschätzt wird unter Gesprächspartnern ein längerer und intensiver Augenkontakt. Wer ihn aushält, gilt als charakterstark.

Wer langen Augenkontakt aushält gilt als charakterstark

NAHER/MITTLERER OSTEN

IRAN

Begrüßung

Händeschütteln ist üblich, allerdings nur unter Angehörigen desselben Geschlechts. Das Händeschütteln dauert, besonders bei befreundeten Personen, wesentlich länger als bei uns. Ziehen Sie daher nicht voreilig Ihre Hand zurück.

Männern ist das Ansprechen oder gar Berühren von Frauen verboten

Männern ist das Ansprechen oder gar Berühren von Frauen (auch per Handschlag!) strikt verboten. Bei der Begrüßung von Frauen muss auch der direkte Augenkontakt vermieden werden.

Unter Freunden, und dazu zählen auch befreundete Geschäftspartner, ist auch eine herzliche Umarmung üblich. Der Gastgeber wird zuerst begrüßt, „Ladies first" gilt nicht.

In der Anrede verwendet man den Nachnamen sowie eventuell vorhandene Titel. Die Anrede mit Vornamen ist nicht gebräuchlich.

Tischsitten

Im Iran ist jeglicher Alkoholgenuss untersagt. Verstöße werden mit unerbittlicher Härte geahndet. Während der Fastenzeit des RAMADAN ist es verboten, in der Öffentlichkeit tagsüber zu rauchen, zu essen und zu trinken.

Bei privaten Einladungen sitzen die Gäste während des Essens oft auf dem Boden. Auch die Speisen werden auf dem Boden in großen Schüsseln serviert. Zum Essen benutzt man die rechte Hand, die entweder die Speisen direkt zum Mund führt oder mithilfe eines Stück Fladenbrotes.

Die rechte Hand führt die Speisen direkt oder mithilfe eines Stück Fladenbrotes zum Mund

In Restaurants und Teehäusern wird meist an Tischen gegessen.

Vor jedem Essen und überhaupt bei jeder sich bietenden Gelegenheit wird Tee serviert. Zum Genuss dieses Tees nimmt man ein Stück Zucker zwischen die Zähne und schlürft dadurch seinen Tee.

Dress-Code

Im Iran werden die Gesetze des Korans besonders streng ausgelegt. Dies hat insbesondere auch Auswirkungen auf die Kleidung. Frauen müssen daher schon bei der Einreise besondere Kleidervorschriften beachten. Alle Körperteile (mit Ausnahme des Gesichts und der Hände) sind zu bedecken. Es ist auch darauf zu achten, dass unter dem Kopftuch keine Haare sichtbar sind. Weiterhin darf die Kleidung nicht körperbetont sein, am besten eignen sich lange, gerade herabfallende Mäntel oder die entsprechende Landestracht. Dazu empfehlen sich lange Röcke oder weite Hosen. Beim Schuhwerk ist ebenfalls darauf zu achten, dass keine Haut sichtbar wird, Sandalen verbieten sich daher.

Frauen müssen besondere Kleidervorschriften beachten

Für Männer gilt: Es sollte grundsätzlich ein Anzug getragen werden. In Alltagssituationen ist dies auch ohne Krawatte möglich, bei Restaurantbesuchen oder offizielleren Anlässen ist die Krawatte jedoch Pflicht.

Männer sollten grundsätzlich einen Anzug tragen

Einladungen und Gastgeschenke

Sie können davon ausgehen, dass Sie mehrfach täglich in Restaurants und Teehäuser eingeladen werden. Insbesondere Einladungen zu Teehäusern oder überhaupt zu einem servierten Tee dürfen Sie niemals ablehnen. Annehmen heißt aber nicht unbedingt, dass Sie das Glas bis zur Neige leeren

Einladungen zum Tee dürfen niemals abgelehnt werden

müssen. Wenn es Ihnen gar nicht schmeckt, genügt es, wenn Sie das Glas etwa halbleer trinken.

die Dame des Hauses so gut es geht meiden

Auch wenn es unhöflich erscheint, sollten Sie bei privaten Einladungen die Dame des Hauses, so gut es irgend geht, meiden. Sprechen Sie sie nicht an, schauen Sie ihr nicht in die Augen und erkundigen Sie sich nicht nach dem werten Befinden. Dies dürfen Sie auch dem Ehemann gegenüber nicht tun. Fragen nach Ehefrau oder Familie sind nicht angebracht.

Als Gastgeschenke empfehlen sich Blumen oder Süßigkeiten. Auf keinen Fall aber Alkohol, der überhaupt für Sie während Ihres Aufenthalts kein Thema sein sollte. Ein grober Schnitzer wäre auch die Überreichung von gelben Blumen, da diese für Feindschaft stehen.

Trinkgeld

Im Iran ist das Bedienungsgeld bereits im Rechnungsbetrag enthalten. Darüber hinaus lässt man das Wechselgeld auf dem Tisch liegen. Für besonders guten Service werden 10 Prozent Trinkgeld gegeben, in Teehäusern und kleinen Hotels wird kein Trinkgeld erwartet.

Businessgepflogenheiten

Formelle Kleidung ist ein unbedingtes Muss

Bei allen geschäftlichen Anlässen ist formelle Kleidung ein unbedingtes Muss. Zu allen Terminen wird Pünktlichkeit erwartet, auch wenn man es selbst damit nicht immer ganz genau nimmt.

Visitenkarten werden nur unter Führungskräften ausgetauscht. Wenn es sich bei den Besuchern um eine Frau handelt, muss dies unbedingt aus der vorhergegangenen Korrespondenz deutlich geworden sein.

Persönliche Beziehungen und gegenseitiges Vertrauen sind unabdingbare Grundlage

Verträge und schriftliche Unterlagen sind nicht so wichtig wie das vereinbarte Wort. Persönliche Beziehungen und gegenseitiges Vertrauen sind die unabdingbare Grundlage für alle Arten von Business.

Geschäftszeiten: Samstag bis Mittwoch 8.00 bis 16.00 Uhr. Manche Büros sind Donnerstag von 9.00 bis 12.00 Uhr geöffnet.

Tabus und Fettnäpfchen

- Verstöße gegen Sitten und Gebräuche sind im Iran nicht nur unhöflich, sondern werden zumeist auch strafrechtlich verfolgt. Dies kann (zum Beispiel bei Ehebruch oder Geschlechtskontakten zwischen Muslimen und Nicht-Muslimen) bis hin zur Todesstrafe reichen. Lassen Sie daher größte Vorsicht walten, insbesondere auch beim Alkoholverbot.

Verstöße gegen Sitten und Gebräuche werden zumeist strafrechtlich verfolgt

- Seien Sie Frauen gegenüber nicht zuvorkommend oder gar galant. Machen Sie keine Komplimente und helfen Sie Frauen nicht, abgesehen von extremen Notsituationen. Helfen Sie Frauen auch nicht aus dem Mantel etc.
- Achten Sie darauf, dass Sie niemandem Ihre Schuhsohlen zeigen. Das gilt als grobe Beleidigung.
- Besondere Vorsicht gilt auch beim Fotografieren. Öffentliche Einrichtungen dürfen auf keinen Fall fotografiert werden. Da diese nicht immer auf den ersten Blick zu erkennen sind, sollten Sie auf das Fotografieren in der Öffentlichkeit ganz verzichten. Wenn Sie jemanden ablichten wollen, müssen Sie ihn vorher unbedingt um Erlaubnis bitten.

Sie sollten auf das Fotografieren in der Öffentlichkeit ganz verzichten

Tipps

Das Abspielen westlicher Musik ist verboten

- Lassen Sie am besten alle Abspielgeräte (CD-Player usw.) zu Hause. Verzichten Sie auch auf alle Arten von Tonträgern, da das Abspielen westlicher Musik in Iran verboten ist.
- Ebenfalls nicht ins Reisegepäck gehören Video- und Kartenspiele.
- Ziehen Sie sich beim Betreten von Wohnungen und religiösen Einrichtungen die Schuhe aus. Betreten Sie Moscheen ausschließlich in dezenter Kleidung, die so wenig Haut wie möglich zeigt. Dies gilt auch für Männer!
- Sprechen Sie niemals eine Frau an und sei es nur, um nach dem Weg zu fragen.
- Verzichten Sie auch unter Ehepartnern auf jeglichen Körperkontakt in der Öffentlichkeit.

ISRAEL

Begrüßung

Man begrüßt sich mit Handschlag oder einem freundschaftlichen Schulterklopfen. Es gelten die auch bei uns üblichen Höflichkeitsformen, sie sind allerdings oft weniger förmlich.

Nach der Vorstellung verwendet man für die Anrede fast immer den Vornamen

Nach der Vorstellung verwendet man für die Anrede fast immer den Vornamen. Die gebräuchliche Formel für Begrüßung und Abschied ist *„Shalom“*. Das bedeutet wörtlich „Frieden“ und wird sowohl im Sinne von „Hallo/Guten Tag“ als auch „Auf Wiedersehen“ gebraucht.

Titel spielen keine Rolle

Direkter Augenkontakt gilt als charakterstark, die Kommunikation wird durch ausgeprägte Mimik und Gestik illustriert. Titel spielen keine Rolle.

Tischsitten

Am SABBAT (Freitagabend bis Samstagabend) darf in manchen Restaurants und Hotels nicht geraucht werden. Auf Schildern werden die Gäste darauf hingewiesen

Für Gegeneinladungen sollten Sie ein „koscheres“ Restaurant aussuchen

Das hebräische Wort *„koscher“* bezeichnet Gerichte, die in Übereinstimmung mit den jüdischen Religionsgesetzen zubereitet sind. Wenn Sie auf Einladungen mit einer Gegeneinladung antworten, sollten Sie dafür ein „koscheres“ Restaurant aussuchen.

Lange Reden sind bei Tisch ebenso unüblich wie festgeschriebene Sitzordnungen. Es wird nicht unbedingt immer Alkohol getrunken und wenn, dann maßvoll. Ansonsten gelten in etwa unsere Tischsitten.

Dress-Code

Bekleidung ist leger; religiöse Stätten (ob jüdisch, christlich oder islamisch) sollten jedoch nicht mit Shorts oder kurzen Röcken und bloßen Schultern betreten werden. In Synagogen müssen Männer eine Kopfbedeckung tragen.

Von Geschäftsleuten wird förmlichere Kleidung erwartet

Von Geschäftsleuten wird förmlichere Kleidung erwartet. Gute Restaurants, Nachtklubs und die Hotelrestaurants erwarten zum Abendessen elegante Garderobe.

Auch zu geschäftlichen Anlässen trägt man legere Kleidung. Krawatten sind nicht Pflicht und selbst kurzärmelige Hemden kein Tabu. Nicht selten entledigen sich Verhandlungspartner ihres Sakkos.

Einladungen und Gastgeschenke

Einladungen werden bezüglich der Zeit, des Ortes und des Datums genau festgelegt. Mit der Pünktlichkeit nimmt man es dann allerdings weniger genau. Richten Sie sich auf Wartezeiten von bis zu 30 Minuten ein.

Häufig werden Einladungen zum Abendessen ausgesprochen, meistens für Freitagabend oder Samstagnachmittag. Gäste bringen dann kleine Geschenke mit. Bücher sind besonders beliebt.

Häufig werden Einladungen zum Abendessen ausgesprochen

Trinkgeld

10 Prozent sind in Restaurants üblich. Das Gesetz schreibt 15 Prozent Bedienungsgeld für Restaurant-, Hotel- und Caférechnungen vor.

Businessgepflogenheiten

Es werden langfristige und ausbaufähige Geschäftsbeziehungen angestrebt. Amtssprachen sind Hebräisch und Arabisch. Verhandlungen werden in Englisch oder Französisch geführt. Israelis gelten als sehr gut vorbereitete und hart verhandelnde Geschäftspartner, die gerne lange Diskussionen führen.

Verhandlungen werden in Englisch oder Französisch geführt

Geschäftliche Termine werden pünktlicher als solche privater Natur eingehalten. Der Austausch von Visitenkarten ist üblich. Dem Smalltalk in der Aufwärmphase wird ein breiterer Raum eingeräumt als in Deutschland. Private Themen sind dabei kein Tabu.

Private Themen sind beim Smalltalk kein Tabu

Es wird durchaus kontrovers diskutiert, klare Stellungnahmen werden erwartet. Weitschweifige Ausführungen und „Drumherum-Reden“ sind sehr unbeliebt. Es gehört zur israelischen Diskussionskultur, dass es üblich ist, anderen ins Wort zu fallen. Das ist keineswegs unhöflich, man geht dann von einem großen Interesse und Engagement der Diskutanten aus.

Anderen ins Wort zu fallen zeugt von Engagement

Tabus und Fettnäpfchen

- Israels Außenpolitik und den Konflikt mit den Palästinensern sollte man nicht thematisieren.
- Erscheinen Sie zu geschäftlichen Terminen nicht „overdressed“.
- Trotz des harten Verhandlungsstils muss die Gesprächsatmosphäre locker und humorvoll bleiben. Wer zeigt, dass er sich ärgert, verliert an Ansehen.

Wer zeigt, dass er sich ärgert, verliert an Ansehen

Tipps

- Die Achtung vor älteren Menschen ist äußerst wichtig.
- Trainieren Sie gelassen zu bleiben, auch wenn es vorkommt, dass man Ihnen in hitzigen Debatten ins Wort fällt.

Häufige Unterbrechungen sind typisch für den israelischen Diskussionsstil.

nicht auf vorschnelle Verhandlungsergebnisse drängen

- Israelis diskutieren gerne und lang. Drängen Sie nicht auf vorschnelle Verhandlungsergebnisse.
- Sehr beliebt sind bissige Witze und Kommentare. Lachen Sie mit, nehmen Sie es nicht persönlich.
- Verkäufer sollten ihren Argumentationsschwerpunkt nicht auf den hohen technischen Stand ihrer angebotenen Produkte legen. Über technischen Standard diskutiert man in Israel nicht, man setzt ihn als selbstverständlich voraus.

SAUDI-ARABIEN

Begrüßung

Der Händedruck ist weniger fest als bei uns, dauert dafür aber wesentlich länger

Männer schütteln sich bisweilen die Hand. Der Händedruck ist weniger fest als bei uns, dauert dafür aber wesentlich länger. Vorzeitiges Zurückziehen gilt als unfreundlich und abweisend. Verbreitet ist es auch, bei der Begrüßung die Hand ans Herz zu legen. Auf diese Weise drücken Araber Anerkennung und Herzlichkeit aus.

Als Mann einer Frau die Hand zu reichen, wäre ein grober Fehler. Man beschränkt sich auf ein Nicken und wartet, ob die Frau evtl. von sich aus einen Handschlag anbietet. Der Augenkontakt sollte dabei allerdings so kurz wie nur irgend möglich ausfallen.

Titel sind wichtig und werden in der Anrede genannt

Titel sind wichtig und werden in der Anrede genannt und auf Visitenkarten angeführt.

Wenn Ihr männlicher Gesprächspartner zu einer Umarmung ansetzt, muss diese unbedingt herzlich erwidert werden. Es ist dies ein Zeichen besonderer Vertrautheit und Wertschätzung.

Tischsitten

Ein Stück Brot kann als Ersatzlöffel dienen

Normalerweise wird mit der rechten Hand gegessen. Dabei kann Brot als Ersatzlöffel dienen. Man reißt ein Stück Brot ab, und führt damit das Essen (immer nur mit der rechten Hand) zum Mund. Aber Vorsicht: Niemals dasselbe Stück Brot mehrmals in ein Gericht tunken! Für ausländische Besucher steht auch Besteck zur Verfügung.

Oft werden Mahlzeiten auf dem Boden oder einem Kissen sitzend eingenommen.

Vor jedem Essen, aber auch sonst bei jeder sich bietenden Gelegenheit, gibt es die traditionelle Tee- oder Kaffeerunde. Sie zieht sich in der Regel über drei Tassen hin. Wer nichts mehr zu trinken wünscht, schwenkt seine Tasse hin und her. Dies ist für das Personal das Zeichen, dass nicht nachgeschenkt werden soll.

Bei jeder Gelegenheit, gibt es die traditionelle Tee- oder Kaffeerunde

Dress-Code

Frauen sollten sich sehr konservativ anziehen und so wenig Haut wie möglich zeigen, „Oben ohne" zu baden ist überhaupt kein Thema. Wer sich im Bikini an den Strand legen will, bleibt am besten auf dem Gelände des Hotels.

Frauen sollten sich sehr konservativ anziehen

Männer sollten sich in der Öffentlichkeit nicht mit bloßem Oberkörper zeigen.

Männer in Shorts sind in arabischen Augen lächerlich, weil man Shorts als Unterhose trägt.

In den Emiraten müssen ausländische Frauen in der Öffentlichkeit nicht verschleiert auftreten. Doch sollten sie sich möglichst bedeckt halten. Also die Spaghettiträger-Hemdchen nur im Hotel tragen, den Minirock im Schrank lassen.

Einladungen und Gastgeschenke

Einladungen in Privathäuser sind selten, die Bewirtung findet meist in Hotels oder Restaurants statt.

Gehen Sie mit großem Appetit zur Einladung, denn durch den Verzehr großer Mengen zeigen Sie Gefallen und zollen Respekt.

Ein guter Appetit zeigt, dass Sie Ihren Gastgeber wertschätzen

Ein kleines Firmengeschenk oder ein Mitbringsel aus der Heimat wird gern angenommen.

Bei einer privaten Einladung zieht man die Schuhe vor dem Haus aus. Nach dem obligatorischen Kaffee oder Tee folgt das Essen. Davor wäscht sich jeder die Hände in einer Wasserschüssel, die herumgereicht wird. Am Ende einer Mahlzeit waschen sich alle erneut die Hände. In sehr strenggläubigen Familien kann es auch passieren, dass Männer und Frauen getrennt essen.

Vor und nach dem Essen werden die Hände gewaschen

Eine Einladung, auch eine spontan ausgesprochene, auszuschlagen, ist ein Fauxpas. Einer Einladung sollte eine Gegeneinladung folgen.

Eine Einladung auszuschlagen ist ein Fauxpas

Wer eingeladen ist, bringt ein Geschenk mit. Blumen und vor allem Alkohol stehen nicht auf der Hitliste, schon eher Konfekt oder Souvenirs aus Deutschland.

Trinkgeld

Kellner, Hotelportiers und Taxifahrer erwarten 10 bis 15 Prozent.

Businessgepflogenheiten

Amtssprache ist Arabisch. Englisch wird in Geschäftskreisen gesprochen. Einen versierten Dolmetscher sollten Sie zu wichtigen Verhandlungen an Ihrer Seite wissen.

vor dem Geschäft Tee und ausgiebiger Smalltalk

Bevor man auf Geschäfte zu sprechen kommt, gibt's erst einmal Tee und ausgiebigen Smalltalk.

Pünktliches Erscheinen und das Einhalten von Terminen sollten für Sie ein Muss sein. Allerdings sollten Sie Gleiches nicht von Ihren arabischen Geschäftspartnern erwarten und sich daher in Geduld üben.

Überhaupt ist bei Verhandlungen Geduld das Gebot der Stunde. Keine Zeit zu haben und auf Ergebnisse zu drängen hinterlassen einen denkbar schlechten Eindruck. Der Körperkontakt unter Verhandlungspartnern ist näher als bei uns. Man sitzt auch wesentlich enger beieinander.

Männer kleiden sich mit konservativen Anzügen und Krawatten. Frauen spielen im islamischen Geschäftsleben eigentlich keine Rolle. Ausländische Business-Frauen sollten daher schon in der vorbereitenden Korrespondenz deutlich auf ihr Geschlecht und ihre Kompetenzen/Position hinweisen. Dennoch: Niemals ohne männliche Begleitung erscheinen!

Tabus und Fettnäpfchen

- Während des RAMADAN sollten auch Besucher nicht in der Öffentlichkeit essen, trinken oder rauchen.
- Fotografieren: Es ist grundsätzlich angebracht, immer um Erlaubnis zu fragen, bevor man den Auslöser betätigt. Es ist verboten, Frauen oder Persönlichkeiten des öffentlichen Lebens zu fotografieren. Für militärische Anlagen, Einrichtungen in Grenznähe, Flughäfen und andere öffentliche Gebäude gilt ebenfalls Fotografierverbot.

Zeigen Sie Gesprächspartnern niemals die Fußsohlen

- Zeigen Sie Gesprächspartnern niemals die Fußsohlen, dies gilt als Beleidigung. Achten Sie auch darauf, wenn Sie beim Sitzen die Beine übereinander schlagen. Wenn Sie auf einem Kissen oder auf dem Boden sitzen: am besten Schneidersitz einnehmen.

- Niemals die („unreine") linke Hand zum Essen, Schreiben, Begrüßen oder zum Überreichen von Geschenken benutzen.
- Ungeduld stößt auf großes Unverständnis. Drängen Sie daher niemals auf eine schnelle Entscheidung. Druck bewirkt überhaupt nichts. Sie würden Ihren Gesprächspartner nur schwer irritieren.
- Zärtlichkeiten auf offener Straße sind ebenfalls tabu.
- Männer sollten einheimische Frauen auf keinen Fall auf der Straße ansprechen und sei es nur, um den Weg zu erfragen.
- Nichtraucherzonen sind ausgeschildert und sollten beachtet werden.

Niemals die („unreine") linke Hand in der Öffentlichkeit benutzen

Tipps

- Saudi-Arabien, Dubai, Sharjah und Abu Dhabi gehören zu den Staaten Arabiens, die als relativ liberal gelten. Ausländer müssen sich also nicht strikt an die islamischen Regeln halten. Aber auch wenn nicht gleich scharfe Sanktionen wie z.B. in Iran bei Verstößen drohen, ist es ein Gebot der Höflichkeit, sich den Umgangsformen anzupassen.
- Saudi-Arabien lebt nach streng islamischen Bräuchen. Das Land ist eine absolute Monarchie, der König hat die größte Macht. Nominell ist er auch geistliches Oberhaupt des Landes. Diese absolute Struktur ist ebenso in den Familiengemeinschaften üblich. Selbstverständlich ist, dass die Männer an Entscheidungsvollmacht weit über den Frauen stehen.
- Wichtig: Wenn Sie zur Zeit des RAMADAN (Fastenzeit) unterwegs sind, dann sollten Sie nicht in der Öffentlichkeit essen. Schließlich dürfen Moslems zu dieser Zeit erst nach Anbruch der Dunkelheit wieder etwas zu sich nehmen.
- Alkohol darf in der Öffentlichkeit nicht getrunken werden. Privat und in lizenzierten Lokalen, Bars und Clubs wird er jedoch legal serviert.
- Wenn Sie eine Moschee besuchen, dann erst einmal die Schuhe ausziehen. Frauen dürfen gewöhnlich nicht in den Hauptbereich, wo die Männer beten.

Wie der Staat sind auch die Familiengemeinschaften nach einer absoluten Struktur organisiert

Nach westlichem Empfinden werden Frauen diskriminiert

- Über das Verhältnis von Männern und Frauen im Islam mag man denken, wie man will. Wer jedoch in ein arabisches Land reist, hat dessen Regeln zu respektieren. Nach westlichem Empfinden werden Frauen diskriminiert. Wundern Sie sich also nicht, wenn Sie als Frau nicht überall hinkommen bzw. schlichtweg nicht beachtet werden.
- Frauen sollten vermeiden langes Haar offen zu tragen und Männern direkt in die Augen zu blicken. Haare gelten als erotisches Symbol und direkter Blickkontakt wird als sexuelle Annäherung interpretiert.

Asien

China

Begrüßung

Zur Begrüßung gibt man sich – anders als etwa in Japan – die Hand. Der Händedruck ist aber wesentlich weicher als wir es gewohnt sind.

Rang und Alter der Gesprächspartner sind entscheidend

Bei der Reihenfolge der Begrüßung sind der Rang und das Alter der Gesprächspartner entscheidend. Es ist nicht üblich, Frauen zuerst zu begrüßen.

Zuweilen wird ein ausländischer Gast mit Applaus begrüßt. Zum Dank applaudiert man zurück.

Der Familienname wird immer zuerst genannt: Beispielsweise wird *„Wong Man Ying“* als *„Mister Wong“* angesprochen.

Tischsitten

Es gilt als höflich, jeden Gang zu probieren

Bis zu zwölf Gänge werden pro Menü serviert. Es wird durchaus akzeptiert, wenn ein Gast nur wenig zu sich nimmt, es gilt jedoch als höflich, jeden Gang zu probieren. Daher sollte man die einzelnen Portionen so bemessen, dass für die folgenden noch „Platz“ ist.

Als Besteck werden Stäbchen benutzt. Das Essen wird in der Mitte des Tisches auf einer Drehplatte serviert. Man füllt sich von den Speisen etwas in eine Schüssel und hält diese beim Essen dicht an den Mund. Nicht essbare Reste wie Knochen und Kerne werden auf den Tisch oder in eine flache Schüssel, aber nie zurück in die Reisschüssel gelegt.

Das Essen wird in der Mitte des Tisches auf einer Drehplatte serviert

Nach Beendigung des Essens legt man die Stäbchen sauber auf den Tisch. Trinksprüche werden nicht nur an die Personen am Tisch, sondern manchmal auch an benachbarte Tische gerichtet. Für offizielle Bankette sollte sich der Gast eine kurze Rede zurechtlegen, um auf eine Ansprache des Gastgebers antworten zu können.

Am liebsten essen Chinesen gemeinsam. Und sie tun das laut, schmatzend, rülpsend und bisweilen auch spuckend. All diese Geräusche sind Ausdruck des Genusses. Jeder darf mit seinen Stäbchen in die große Schüssel fassen, um sich einen Leckerbissen herauszuangeln.

Reis kommt ganz zum Schluss, genauso wie die Suppe. Reis wird als Grundnahrungsmittel betrachtet, das man einem geschätzten Gast nicht unbedingt als erstes serviert

Wenn Sie mit dem Essen fertig sind, legen Sie Ihre Stäbchen auf den Tisch oder den Teller, aber spießen Sie sie auf keinen Fall in den übrig gebliebenen Reis. Dies würde dem Ritus entsprechen, der zur Totenehrung vollzogen wird.

Essstäbchen niemals senkrecht in eine Schüssel mit Reis spießen

Die Reis- sowie die Suppenschüssel dürfen Sie bis zu den Lippen heben, um den Reis schneller in den Mund zu schaufeln bzw. die Suppe zu trinken. Bei feineren Essen gibt es für jedes Gericht einen eigenen Löffel oder Stäbchen, mit denen Sie sich bedienen können.

Erhebt Ihr Gastgeber irgendwann das Gläschen mit hochprozentigem MAOTAI (Getreideschnaps), bringt einen Toast aus und leert das Glas in einem Zug, dann müssen Sie mithalten. Sie erheben dann ebenfalls das Glas, rezitieren einen Trinkspruch und fordern die Runde zu *„Gan bei“* („Ex“) auf.

Bei einem Toast müssen Sie mithalten

Ist das Mahl beendet, bleibt niemand lange am Tisch zu gepflegter Konversation sitzen, sondern man verabschiedet sich zügig und geht nach Hause.

Dress-Code

In der Geschäftswelt gilt Kleidung nicht als Erkennungszeichen für den Rang einer Person in der Gesellschaft. Krawatte

Kleidung gilt nicht als Erkennungszeichen für den Rang einer Person

und Anzug bzw. ein hochgeschlossenes Business-Kostüm sind notwendig.

Zurückhaltende Alltagskleidung ist angemessen, freizügige Kleidung sollte vermieden werden. Bei einigen gesellschaftlichen Anlässen und in manchen Restaurants wird gepflegte Kleidung erwartet.

Einladungen und Gastgeschenke

Zu wertvolle Geschenke eines Fremden lehnen die Gastgeber ab

Als Geschenke eignen sich Obst, Pralinen oder ein Andenken aus der eigenen Heimat. Briefmarken sind ebenfalls ein beliebtes Geschenk. Zu wertvolle Geschenke eines Fremden lehnen die Gastgeber ab. Sind Ihre Mitbringsel eingepackt, kommt es selten vor, dass die Gastgeber sie auspacken, bevor die Gäste gehen. Es ist üblich, Gegeneinladungen auszusprechen.

Beim Besuch von Freunden freuen sich die Kinder über kleine Geldgaben.

Bei Einladungen nach Hause keine Blumen mitbringen

Nur sehr gute Freunde lädt man zu sich nach Hause ein. Mit Bekannten geht man zum Essen aus. Wer in eine chinesische Familie eingeladen wird, sollte nach Möglichkeit keine Blumen mitbringen. Mit frischen Blumen ehrte man bis vor kurzem nur die Toten. Den Lebenden schenkt man etwas Nützliches. Heute wird zwar keine Hausfrau mehr den Blumenstrauß hilflos wegwerfen, aber eine Torte oder Obst als Geschenk wären ihr vermutlich lieber.

Zu traditionellen Festen sind bestimmte Gastgeschenke vorgeschrieben

Wer zu einem chinesischen Fest eingeladen wurde, sollte sich vorher nach dem traditionell vorgeschriebenen Gastgeschenk erkundigen.

Verschenken Sie niemals Messer, Schirme oder Uhren! Überlegen Sie bei jeder Geschenkauswahl, welches Kritikpotenzial dem Geschenk anhaftet. (Beispiel: Anti-Faltencreme oder ein Deo könnten beim Beschenkten als wenig dezenter Hinweis verstanden werden, er habe diese Produkte dringend nötig.)

Trinkgeld

Trinkgeld ist offiziell verboten und wirkt oftmals beleidigend

Trinkgeld ist in China offiziell verboten und wird manchmal als Beleidigung aufgefasst. In touristischen Zentren wird es jedoch zunehmend beliebter. Hier gilt: 10 Prozent sind angemessen, für besonders guten Service darf es auch mehr sein.

Businessgepflogenheiten

Terminvereinbarungen sind die Regel, auf Pünktlichkeit wird besonderer Wert gelegt. Bereits eine Verspätung von 5 Minuten wird als grob unhöflich angesehen.

Auf Pünktlichkeit wird besonderer Wert gelegt

Chinesen haben eine Faible für Visitenkarten. Visitenkarten sollten zweisprachig sein (englisch, auf der Rückseite die chinesische Übersetzung). Visitenkarten werden wie in Japan mit zwei Händen und einer Verbeugung überreicht und auch empfangen. Werfen Sie auf jede Ihnen überreichte Karte einen ausgiebigen Blick, bevor Sie sie wegstecken.

Visitenkarten sollten zweisprachig sein

VERHANDLUNGEN

Amtssprache ist Mandarin, Englisch wird teilweise in Geschäftskreisen gesprochen. Sinnvoll ist es, einen Dolmetscher einzusetzen. Geschäftsleute treffen sich mit ihren Geschäftspartnern normalerweise in Restaurants. Es ist üblich, den Gastgeber einzuladen.

Zunächst wird der Smalltalk gepflegt. Dazu stellt man gerne Fragen nach der Familie, insbesondere den Kindern oder nach Sehenswürdigkeiten, die man besucht hat. Wer hier Interesse an China zeigt, sammelt wichtige Pluspunkte.

Beim Smalltalk stellt man gerne Fragen nach der Familie

Auf geschäftliche Dinge kommt man erst relativ spät zu sprechen. Ungeduld wäre hier fehl am Platze, da man dadurch sein „Gesicht verlieren“ würde.

Tabus und Fettnäpfchen

Oberste Maxime ist es, das Gesicht zu wahren

- Vermeiden Sie es bei Verhandlungen, Ihren Verhandlungspartner unbedacht zu brüskieren. Jede Art von Kritik wird schnell als persönliche Kritik aufgefasst. Oberste Maxime ist es, das Gesicht zu wahren.
- Besondere Zurückhaltung ist bei kritischen Bemerkungen über die politische Führung Chinas angezeigt. Keine Sympathie für Taiwan äußern!
- Gläubigen in Tempeln und Moscheen sollte man nicht zu nahe rücken.
- Liebesbeweise in der Öffentlichkeit sind tabu. Sie lassen die Beteiligten ihr Gesicht verlieren und bringen alle Außenstehenden in Verlegenheit.
- „Oben ohne“ am Strand zu liegen ist nur Frauen zu empfehlen, die einmal in der lokalen Zeitung stehen möchten und es lieben, Mittelpunkt von Volksaufläufen zu sein.

Tipps

- Den amtlichen Namen „Volksrepublik China“ sollte man auch im Schriftwechsel ausgeschrieben benutzen.
- Seien Sie stets geduldig und geben Sie ein positives Feedback, werden sie niemals laut oder ungehalten. Verzichten Sie beim Sprechen auf ausladende Gestik.

Höflichkeit geht vor Vertraulichkeit

- Chinesen sind sehr zurückhaltend. Höflichkeit geht vor Vertraulichkeit. Außer in großen Menschenmengen, wo Körperkontakt unvermeidbar ist, wird niemand berührt, den man nicht kennt. Einem Lächeln gibt man in jedem Fall den Vorzug vor einem Schulterklopfen oder einer ähnlichen Geste.
- Wenn Sie jemanden fotografieren wollen, müssen Sie ihn vorher um Erlaubnis bitten, notfalls vermittels Zeichensprache.

Hongkong

Begrüßung

Titel werden in der Anrede genannt

Zur Begrüßung gibt man sich die Hand. Der Händedruck ist wesentlich weicher als bei uns. Der Familienname wird zuerst genannt, *„Wong Man Ying“* wird also als *„Mister Wong“* angesprochen. Titel werden in der Anrede genannt. Dies betrifft aber nur die Honoratioren, die jüngere Generation stellt sich häufig mit (anglisiertem) Vornamen vor.

In der Reihenfolge bei der Begrüßung stehen Rang und Alter vor Geschlecht. „Ladies first“ gilt nicht unbedingt.

Tischsitten

Die Tischsitten entsprechen im Wesentlichen denen Chinas.

Während einer Mahlzeit prostet man sich häufig zu

Besonderheit: Während einer Mahlzeit prostet man sich häufig zu, jeder neue Gang wird mit einem *„Yum Sing“* eingeleitet.

Den Ehrenplatz gegenüber der Tür besetzt der Gastgeber, die Ehrengäste nehmen an seiner rechten und linken Seite Platz.

Die perfekte Ergänzung zu einem chinesischen Essen ist der chinesische Tee, der ohne Milch und Zucker in kleinen Schalen serviert wird. Auch Bier ist sehr verbreitet.

Dress-Code

Zwanglose Kleidung wird durchaus akzeptiert. Bei einigen gesellschaftlichen Anlässen und in manchen Restaurants wird gepflegte Kleidung erwartet.

im Geschäftsleben Kleidung nach westlichen Maßstäben

Im Geschäftsleben sollten Sie sich nach westlichen Maßstäben kleiden, also Anzug für den Herrn, Kostüm für die Frau. Bei festlichen Anlässen ist die jeweilige Kleiderordnung auf der Einladungskarte vermerkt.

Einladungen und Gastgeschenke

Gesellschaftliche Zusammenkünfte finden in Restaurants und nicht in Privatwohnungen statt. Wenn Sie eingeladen werden, sollten Sie die üblichen Höflichkeitsregeln beachten. Wenn Sie eingeladen worden sind, ist es üblich eine Gegeneinladung auszusprechen.

hochwertige Markenartikel

Als Gastgeschenke sind hochwertige Markenartikel sowie Schmuck und Alkoholika wie Whisky, Champagner oder guter Wein sehr beliebt.

Trinkgeld

Die meisten Hotels und Restaurants berechnen 10 Prozent Bedienungsgeld, darüber hinaus werden oft zusätzlich weitere 10 Prozent Trinkgeld erwartet. Grundsätzlich gilt: Trinkgeld nach Belieben geben. Kleine Extrabeträge für Taxifahrer, Hotel- und Toilettenpersonal sind üblich.

Businessgepflogenheiten

In Hongkong vereinigen sich westliche Werte und Managementmethoden mit chinesischen Traditionen. Der Arbeitsstil ist sehr zielorientiert, hart und effektiv.

Die Zurschaustellung von Statussymbolen wie Markentextilien, Uhren usw. gehört zum guten Ton

Von Geschäftsleuten wird konservative Kleidung erwartet. Die Zurschaustellung von Statussymbolen wie Markentextilien, Uhren usw. gehört zum guten Ton und dient den Gesprächspartnern zur sozialen Kategorisierung ihres Gegenübers. Ausländische Besucher werden sehr gastfreundlich empfangen.

Terminvereinbarungen sind üblich, auf Pünktlichkeit wird Wert gelegt. Visitenkarten sollten auf der Rückseite die chinesische Übersetzung aufweisen. Sie werden mit beiden Händen gereicht und empfangen und durch aufmerksames Betrachten gewürdigt.

Geschäftszeiten: Montag bis Freitag 09.00 bis 13.00 und 14.00 bis 17.00 Uhr, Sa 09.00-13.00.

Verhandlungen

Kantonchinesisch ist die meistgesprochene Sprache. Englisch ist vor allem in Geschäftskreisen weit verbreitet. Beide Sprachen sind als Amtssprachen anerkannt.

Zeigen Sie Interesse an Ihrem Gesprächspartner auch über die geschäftliche Sphäre hinaus

Persönliches Beziehungsmanagement und eine freundschaftliche Atmosphäre sind für geschäftlichen Erfolg sehr wichtig. Zeigen Sie Interesse an Ihrem Gesprächspartner auch über die geschäftliche Sphäre hinaus.

Tabus und Fettnäpfchen

- Sie sollten sich jeglicher kritischen Äußerung gegenüber der sehr konsumorientierten Haltung (siehe auch „Tipps") der Hongkong Chinesen enthalten.
- Vermeiden Sie unbedingt direkte Ablehnung und Konfrontation.
- Kontroverse Positionen sehr vorsichtig, verklausuliert und erst am Ende einer Verhandlung ansprechen.

Tipps

Bescheidenheit gilt eher als Untugend

- Die Hongkong-Chinesen lieben die Darstellung ihrer finanziellen Möglichkeiten. Es herrscht eine starke Markenorientierung. Statussymbole werden offen zur Schau getragen. Bescheidenheit gilt eher als Untugend.
- Rauchen ist in der Regel gestattet und Nichtraucherzonen sind gekennzeichnet.
- Die Wahrung von Form und Harmonie gehören zu den wichtigsten Grundlagen des sozialen Lebens.
- „Gesicht wahren" gilt als oberstes Prinzip.
- Gratulieren Sie Ihrem (Geschäfts-)Partner schriftlich zum chinesischen Neujahrsfest.

Indien

Begrüßung

Die indische Begrüßungsformel lautet *„Namasté"*, was so viel bedeutet wie *„Ich grüsse das Göttliche in Dir"*. Dazu faltet man die Hände und verbeugt sich. Allerdings nicht wie in Asien mit dem gesamten Oberkörper, sondern lediglich mit dem Kopf. Für indische Frauen ist es unschicklich, die Hand zum Gruß zu geben.

Eine Verbeugung erfolgt nur mit dem Kopf

Indische Frauen dürfen nicht berührt werden, auch nicht per Handschlag. Zur besonderen Ehrung älterer Leute berührt man kurz deren Füße. Unter jüngeren Leuten verbreitet sich immer mehr die Sitte, einander einfach nur mit *„Hello“* oder *„Hi“* zu begrüßen. Eine besondere Höflichkeitsformel in der Anrede bei Männern ist *„Shri“* bzw. *„Shreemati“* bei Frauen. Muslime haben in Indien ein eigenes Begrüßungsritual. Sie legen dazu den Zeigefinger der rechten Hand auf die Stirn. Dabei zeigen die übrigen Finger nach oben.

Bei besonderen gesellschaftlichen Anlässen werden Besuchern oft Blumenkränze umgehängt. Diese werden als Zeichen der Demut vom Empfänger abgenommen und im weiteren Verlauf in der Hand gehalten.

Ihnen umgehängte Blumenkränze nehmen Besucher als Zeichen der Demut ab und tragen sie in der Hand

Tischsitten

Durch die Vielzahl der Nationen und Religionen gibt es in Indien die unterschiedlichsten Essgewohnheiten. Überwiegend (80 Prozent) sind die Inder Hindus, 11 Prozent sind Moslems (8 Prozent Sunniten, 3 Prozent Schiiten), 2,5 Prozent Christen, 2 Prozent Sikhs.

unterschiedlichste Essgewohnheiten

Hindus sind Vegetarier oder verzichten zumindest auf den Verzehr von Rindfleisch, da die Kühe bekanntermaßen als heilig gelten. Muslime wiederum essen kein Schweinefleisch und lehnen den Genuss von Alkohol ab. Sikhs und Parsis rauchen nicht. Es ist sehr wichtig, sich mit den jeweiligen Gebräuchen von Gesprächspartnern vertraut zu machen und sich diesen, so gut es eben geht, anzupassen.

Die Verwendung von westlichem Besteck ist möglich, verbreiteter ist allerdings die Nahrungsaufnahme per Hand. Dazu darf allerdings nur die rechte Hand verwendet werden, da die linke als „unrein“ gilt. Sie ersetzt auf der Toilette das Toilettenpapier, das in Indien unbekannt ist.

Die Nahrungsaufnahme per Hand ist verbreitet

Gebräuchlich ist auch, Brot gewissermaßen als Ersatzbesteck zu verwenden. Es wird in Soßen getunkt und dient als Transportmittel für Fleisch, Reis und Gemüse. Dazu reißt man ein Stück des Fladenbrotes ab und wickelt damit ausgewählte Häppchen ein.

Brot kann als „Ersatzbesteck“ verwendet werden

Einladungen sollte man nicht ausschlagen

Einladungen zum gemeinsamen Abendessen sind sehr häufig, es würde als grobe Beleidigung empfunden, wenn man diese ausschlüge. Auf Einladungen antwortet man mit einer Gegeneinladung.

Wundern Sie sich nicht, wenn Frauen und Männer nicht gemeinsam speisen. Frauen essen oft nach den Männern.

Alkohol wird nur von wenigen getrunken. Frauen trinken überhaupt keinen Alkohol.

Von Zeit zu Zeit gibt es die „dry days", an denen auch in den internationalen Hotels keine alkoholischen Getränke ausgeschenkt werden. Alkohol in der Öffentlichkeit ist in Gujarat gesetzlich verboten. Arrak ist in Kerala untersagt.

Dress-Code

Für Männer gibt es – auch im Business – keinen Anzugzwang

Frauen kleiden sich konservativ und zeigen vor allem wenig Haut. Kurze Röcke, Dekolletees usw. sind verpönt. Auch sollte die Kleidung nicht zu eng und figurbetont sein.

Für Männer gibt es – auch im Business – keinen Anzugzwang! Legere Freizeitkleidung wird allerdings auch nicht unbedingt gern gesehen, zumindest steigt der Träger nicht in der Achtung seines Gesprächspartners. Aufgrund der klimatischen Verhältnisse haben sich Anzughose, Hemd und Krawatte als übliche „Standardbekleidung" herausgebildet. Zu ganz besonderen gesellschaftlichen Anlässen sollte jedoch auch ein Jackett bzw. Kostümjacke getragen werden.

Shorts werden als lächerlich empfunden, bei Frauen sogar als unehrenhaft.

Einladungen und Gastgeschenke

Einladungen, auch nach Hause, sind an der Tagesordnung

Einladungen zu gemeinsamen Restaurantbesuchen, Cocktailparties, aber auch nach Hause sind an der Tagesordnung. Sie gehören zur sprichwörtlichen indischen Gastfreundschaft. Man nimmt sie gerne an und ist auch bemüht, angebotene Speisen und Getränke nicht zurückzuweisen.

Beim Betreten des Hauses entledigen sich Besucher ihres Schuhwerks.

Der Wert des Geschenks spiegelt wider, welche Wertschätzung dem Beschenkten gegenüber gebracht wird

Als Gastgeschenke bieten sich Schokolade, Pralinen, Schreibgeräte, Taschenrechner und Mitbringsel aus der Heimat an. An der Höhe des Wertes von Gastgeschenken kann der Gastgeber den Grad der Ehrerbietung durch den Besucher ablesen. Es darf daher durchaus etwas üppiger ausfallen, natürlich ohne den Gastgeber durch übertriebene Ausgaben zu beschämen.

Businessgepflogenheiten

Visitenkarten werden direkt bei der Begrüßung überreicht und sollten auch auf etwaige Titel verweisen. Die Visitenkarte sollte dem indischen Geschäftspartner mit beiden Händen überreicht werden.

Die persönliche Beziehung ist sehr wichtig. Dazu sollte zum gegenseitigen Kennenlernen, dass durchaus auch in den privaten Bereich geht, ausreichend Zeit eingeplant werden.

Geschäftsbeziehungen durch regelmäßige persönliche oder schriftliche Kontakte pflegen

Wichtig ist es auch, Geschäftsbeziehungen durch regelmäßige persönliche oder schriftliche Kontakte zu pflegen. Dazu gehören auch Grüße zu den Festtagen.

In Indien gilt ein relativ starres Hierarchiedenken

In Indien gilt ein relativ starres Hierarchiedenken. Zu Beginn einer geschäftlichen Kontaktaufnahme sollten die obersten Entscheidungsträger konsultiert werden. Bei späteren Verhandlungen sind allerdings auch die unteren Hierarchieebenen einzubeziehen.

Ziehen Sie bei konkreten Abschlüssen immer einen Rechtsanwalt hinzu.

Geschäftszeiten: Montag bis Freitag 09.30-17.00 Uhr und Sa 09.30 bis 13.00 Uhr.

Trinkgeld

Bedienungsgeld ist bei Dienstleistern nicht im Rechnungsbetrag enthalten. Daher sind 10 bis 15 Prozent Trinkgeld üblich und auch für den Lebensunterhalt des Servicepersonals erforderlich. Bei besonders gutem Service darf es auch etwas mehr sein.

Tabus und Fettnäpfchen

Die linke Hand gilt als „unrein“

Mit dem Kopf zu pendeln bedeutet aufmerksames Zuhören

- Niemals den Kopf eines Menschen berühren. Dies gilt besonders für Kinder.
- Die linke Hand gilt als „unrein“.
- Es ist verpönt, offen negative Gefühle zu zeigen. Dazu gehören auch Ungeduld und Verärgerung.
- Einladungen niemals ablehnen.
- Wenn Ihr Gesprächspartner mit dem Kopf „pendelt“, bedeutet dies kein ablehnendes Kopfschütteln, sondern aufmerksames Zuhören.

- Brücken, Bahnhöfe und militärische Einrichtungen dürfen nicht fotografiert werden. Fotografieren in Stammesgebieten ist nicht gestattet.
- Gespräche über Pakistan und den Kaschmirkonflikt sollten vermieden werden.

Tipps

Klimaanlagen sind meistens für unsere Verhältnisse viel zu kühl eingestellt

- Bedenken Sie bei der Auswahl Ihrer Textilien, dass das Thermometer nicht selten über 40 °C zeigt und das bei ausgesprochen feuchter Luft. Die Klimaanlagen dagegen sind meistens für unsere Verhältnisse viel zu kühl eingestellt.

  Ein Temperaturunterschied von teilweise bis zu 20 °C kann bei „untrainierten" Europäern schnell negative Auswirkungen auf die Gesundheit haben. Es empfiehlt sich daher, trotz der hohen Außentemperaturen immer warme Kleidung mitzuführen, falls Gebäude betreten werden sollen.
- Kinder haben ein hohen Stellenwert. Sofern Sie eigene haben, empfiehlt sich die Mitnahme von Fotos.

nicht so sitzen, dass die Füße auf etwas „deuten" oder die Fußsohlen zu sehen sind

- Füße sind „unrein". Deswegen darf man mit den Füßen nicht auf etwas deuten. Wenn Sie auf dem Boden sitzen, kreuzen sie die Beine, damit Ihr Gegenüber nicht Ihre Sohlen sehen kann.
- TEMPELBESUCHE: Die Kaste der PARIAS und streng genommen auch Fremde haben eigentlich keinen Zutritt zu HINDU-Tempeln. Deswegen Schultern und Knie bedecken sowie die Schuhe ausziehen. Die JAINS verbieten bei einem Besuch ihrer Tempel sogar das Tragen von Ledersachen. Das heißt für Sie also: auch Gürtel ablegen! Betreten Sie einen GURDWARA der SIKHS, also den Ort, wo diese Volksgruppe ihre heiligen Schriften aufbewahrt, dann müssen Sie sich den Kopf bedecken.

JAPAN

Begrüßung

Die Begrüßung erfolgt in Japan durch eine beiderseitige Verbeugung. Dabei liegen die Hände außen an den Oberschenkeln. Händeschütteln ist eigentlich nicht üblich. Bei westlichen Besuchern versuchen die Japaner jedoch, sich anzupassen. Sie verbeugen sich dann und schütteln gleichzeitig die Hand ihres Gegenübers. Heraus kommt dabei ein weicher Händedruck ohne Augenkontakt, da sich der Begrüßende gerade noch beugt. Erwidern Sie diesen Händedruck nicht zu kräftig.

beiderseitige Verbeugung gegebenenfalls mit leichtem Handschlag

Man redet sich mit dem Nachnamen an. Dieser wird vor den Vornamen gestellt. An den Nachnamen hängt man dann die Position oder die Höflichkeitssilbe *„san"*. Der Name *„Ueshiba Yoshikazu"* würde dann in der Anrede *„Ueshiba-san"* lauten.

Der Nachname wird vor den Vornamen gestellt

Tischsitten

In allen Restaurants wird grundsätzlich an der Kasse gezahlt. Im Restaurants füllt sich der Gast seine Getränke nicht selbst ein. Jeder schenkt zuerst seinem Nachbarn ein. Auf diese Weise bekommt jeder etwas zu trinken, es ist halt nur etwas komplizierter. Wer zum Essen in ein Restaurant eingeladen wird, überlässt dem Gastgeber die Bestellung. Die Frage nach besonderen Wünschen ist nur rhetorisch gemeint.

Es wird grundsätzlich an der Kasse bezahlt, die Bestellung übernimmt der Gastgeber

Grüner Tee wird Ihnen fast immer angeboten. Er wird ungesüßt in einem kleinen Becher getrunken.

Vor einem Essen wird gewöhnlich im Sommer heißes und im Winter ein kaltes Tuch gereicht. Damit reinigt man sich die Hände. Übers Gesicht wischen sich allerdings nur Männer.

Stäbchen nimmt man in die rechte Hand. Die Stäbchen keinesfalls nach dem Essen senkrecht in den übrig gebliebenen Reis stecken, dies entspräche der Grabbeigabe eines Totenritus.

Auch wenn es noch so hervorragend schmeckt: niemals nur auf *ein* Gericht stürzen! Es muss möglichst von allen Speisen gekostet werden. Die Reis- sowie die Suppenschüssel darf man bis zum Mund führen, was die Nahrungsaufnahme mit Stäbchen wesentlich erleichtert.

Es muss möglichst von allen Speisen gekostet werden

In besseren Restaurants gibt es für jedes Gericht einen eigenen Löffel oder Stäbchen. Wenn nicht, drehen Sie die Stäbchen einfach um und nehmen sich mit den „sauberen Enden" aus den Servierschüsseln

Einen Trinkspruch mit einem Glas Sake müssen sie unbedingt erwidern.

Einen Trinkspruch mit einem Glas Sake unbedingt erwidern

Dress-Code

Bei geschäftlichen Terminen ist korrekte, formelle und den Temperaturen angepasste Kleidung notwendig. Bei gesellschaftlichen Anlässen ist ein Smoking bzw. Abendkleid zu empfehlen.

Geschäftsleute behalten auch bei hohen Temperaturen Sakko und Krawatte an

Geschäftsleute behalten auch bei hohen Temperaturen Sakko und Krawatte an. Der Chef oder Vorsitzende einer Versammlung kann jedoch durch Ausziehen seiner Jacke das Startsignal dafür geben, dass es nun ein wenig legerer zugeht. Alle anderen im Raum folgen dann seinem Beispiel.

Einladungen und Gastgeschenke

Die Chancen, privat eingeladen zu werden, sind gering. Die beengten Wohnverhältnisse in Japan bedingen, dass man sich meist nur außerhalb der Häuser trifft. Falls Sie aber eingeladen werden, gilt: Beim Betreten der privaten Wohnung Schuhe ausziehen.

Oft bekommen Sie Pantoffeln als Ersatz. Aber die müssen Sie spätestens ausziehen, wenn Sie eine TATAMI-Matte betreten.

In traditionellen japanischen Familien sitzt man auf dem Boden und schlägt die Füße ein. Männer können sie überkreuzen, Frauen nur dann, wenn sie Hosen tragen.

Für die sehr markenbewussten Japaner verbieten sich No-Name-Produkte

Als Geschenke sehr beliebt sind kleine und schön verpackte Geschenke aus Deutschland. Aber auch mit gutem Whisky oder Brandy liegen Sie richtig. Japaner sind sehr markenbewusst. No-Name-Produkte verbieten sich daher.

Die Präsente werden erst bei der Verabschiedung überreicht, aber auch dann nicht sofort geöffnet. Geschenke werden erst ausgepackt, wenn die Gäste das Haus verlassen haben. Erstens sähe es gierig aus, wenn man sich sofort auf die Geschenke stürzen würde – schließlich sind die Gäste wichtiger als ihre Mitbringsel – und zweitens wäre man verpflichtet, Gefühle wie Freude, Überraschung usw. zu zeigen. Dies aber wäre sehr „unjapanisch".

Wollen Sie Blumen überreichen, schenken Sie nie vier oder neun. Beide Zahlen gelten als Unglückszahlen.

Geschenke dürfen nicht abgelehnt werden

Geschenke dürfen nicht abgelehnt werden. Jedenfalls nicht wirklich. Denn hier ist ein wenig Schauspielerei gefragt. Zum japanischen Ritual des Schenkens gehört auch die Beteuerung, dass man es gar nicht verdient habe. Dieses Sich-

Zieren ist das übliche Ritual, um auszudrücken, dass man sein Gegenüber wertschätzt.

Trinkgeld

Trinkgelder sind in Japan unüblich. Sie würden als Beleidigung aufgefasst. Ausnahme: Taxifahrer erwarten für nur kurze Strecken ein Trinkgeld. Allerdings deutet sich insgesamt ein Wandel zum Thema Trinkgeld an. In den großen Touristen- und Geschäftszentren mit häufigen West-Kontakten lockern sich die strengen Sitten etwas und Trinkgeld wird nicht mehr grundsätzlich abgelehnt. Große Hotels und Restaurants berechnen einen Servicezuschlag von ca. 10 bis 15 Prozent. Dazu kommt noch ein Steueraufschlag von 3 bis 6 Prozent.

Trinkgelder würden als Beleidigung aufgefasst

Businessgepflogenheiten

Führen Sie immer eine große Anzahl zweisprachiger Visitenkarten mit sich. Besonders höflich ist es, sie direkt in Japan mit japanischer Übersetzung drucken zu lassen. Sie müssen auf jeden Fall die Position, etwaige Titel und Entscheidungskompetenzen enthalten.

Der Austausch von Visitenkarten erfolgt sehr zeremoniell: Die erhaltene Visitenkarte wird nicht unbeachtet eingesteckt, sondern mit Respekt entgegengenommen. Das bedeutet, dass Sie die Karte längere Zeit betrachten müssen.

Visitenkarten werden sehr ernst genommen

Überreicht und empfangen werden die Karten mit beiden Händen und einer Verbeugung. ÜBRIGENS: Karten mit abgerundeten Ecken sind in Japan den Frauen vorbehalten.

Termine sollten mehrere Tage oder besser Wochen im Voraus vereinbart werden.

Japaner zeichnen sich neben einem extrem ausgeprägten Nationalgefühl durch Selbstdisziplin und Fleiß aus. In geschäftlichen Belangen ist Perfektion oberstes Gebot.

In geschäftlichen Belangen ist Perfektion oberstes Gebot

Die Geschäftswelt ist eine Männerdomäne und folgt einem strengen Autoritäts- und Hierarchiedenken. Dem Alter wird auch im Beruf besonderer Respekt gezollt.

Geschäftsbeziehungen werden nur eingegangen, wenn sie die Aussicht auf langfristige Entwicklungsmöglichkeiten versprechen.

Unpünktlichkeit gilt als Charakterschwäche. Deshalb seien Sie unbedingt pünktlich, am besten sogar etwas vor der Zeit.

Unpünktlichkeit gilt als Charakterschwäche

Japaner planen ihre Verabredungen und Termine langfristig. Vermeiden Sie deshalb unbedingt kurzfristige Absagen oder Umdisponierungen. Arbeitsessen nach Dienstschluss sind üblich. Geschäftszeiten: Montag bis Freitag von 09.00 bis 17.00 Uhr.

Verhandlungen

Vor den zumeist formellen Verhandlungen wird oft Tee gereicht.

Pflegen Sie Ihre Kontakte durch regelmäßige Besuche und die Versendung von Karten, Angeboten und Prospekten

Schwierigkeiten in der Kommunikation vermeiden Sie, indem Sie einen Dolmetscher zu Rate ziehen. Geschäftssprache neben Japanisch ist Englisch. Pflegen Sie Ihre Kontakte durch regelmäßige Besuche und die Versendung von Karten, Angeboten und Prospekten. Wenn Sie mit japanischen Firmen verhandeln, dürfen Sie einen Gegenbesuch erwarten.

Tabus und Fettnäpfchen

- Generell sollten Sie ein zu direktes Auftreten vermeiden. Japaner schätzen Zurückhaltung.
- Keine in weißes Papier verpackten Geschenke überreichen. Die Farbe weiß steht für Tod.

Alle Beteiligten müssen ihr Gesicht wahren können

- Bedrängen Sie ihre Gesprächspartner nicht und verzichten Sie auf klare Ablehnungen. Wer Verärgerung oder sonstige Gefühle offen zeigt, verliert sein Gesicht. Achten Sie andererseits auch stets darauf, dass Ihr Gegenüber sein Gesicht wahren kann, kompromittieren Sie es nicht und zwingen es nie zu einer Entscheidung.
- Mit dem Finger auf etwas zu zeigen, gar auf Personen, ist ein Fauxpas.
- Öffentliche Bekundungen gegenseitiger Zuneigung unter den Geschlechtern sind verpönt.

Tipps

- Selbst im modernen Japan spielt die traditionelle Etikette eine sehr wichtige Rolle. Die meisten Japaner rechnen damit, dass einem GAIJIN („Ausländer“) die Feinheiten ihrer Umgangsformen nicht vertraut sind. Umso mehr werden sie es schätzen, wenn man einige ihrer grundlegenden Werte kennt und respektiert.

Lächeln ist die oberste Maxime

- Lächeln ist die oberste Maxime – selbst beim Überbringen von schlechten Nachrichten.

- Vor Toiletten stehen oft Pantoffeln. Sie werden während des Besuchs an diesem Örtchen getragen und wieder abgelegt, wenn man es verlässt. Achtung: nicht vergessen, die Toilettenpantoffeln wieder auszuziehen und die normalen Hausschuhe wieder anzuziehen!

  Was Europäer schnell nervös macht, ist die Tatsache, dass sich viele Toiletten nicht verriegeln lassen. Um festzustellen, ob sie besetzt sind, klopft man vorsichtig an die Türe. Kommt von innen dann ebenfalls ein Klopfgeräusch, wissen Sie, dass Sie warten müssen.
- Auf eine Einladung erfolgt immer eine Gegeneinladung.
- „Westliche" Frauen werden befremdet feststellen, dass die Emanzipation in Japan noch nicht weit fortgeschritten ist. Japan ist eindeutig männerdominiert. Wie teilweise im Orient geht die Frau ein paar Schritte hinter ihrem Ehemann her. Es ist für europäische Frauen schon ein wenig frustrierend, beständig ignoriert zu werden. Es wird Ihnen auch niemand in den Mantel helfen oder den Vortritt lassen. Türen werden Sie in Japan auch selbst öffnen müssen.

Japan ist eindeutig männerdominiert

- Kartengrüße zu Neujahr sind ein absolutes Muss!

Kartengrüße zu Neujahr sind ein absolutes Muss

- Zeigen Sie niemals Ungeduld oder Anzeichen einer Verärgerung.
- Sprechen Sie nicht zu laut, vermeiden Sie ausladende Gestik und Mimik und seien Sie beim Händedruck nicht „zupackend".

Vermeiden Sie ausladende Gestik und Mimik

MALAYSIA

Begrüßung

Die ältere Generation begrüßt sich mit einer Grußformel ohne Handschlag. Jüngere Leute geben einander die Hand, besonders wenn ihr Gegenüber ein Ausländer ist. Der Handschlag ist aber wesentlich weicher als bei uns. Frauen gibt man grundsätzlich nicht die Hand, es sei denn, sie würden von sich aus das Händeschütteln einleiten.

Wenn man auf eine größere Gruppe trifft, verbeugt man sich leicht. Das gilt auch, wenn man an einer Gruppe vorbeigeht oder sich von dieser verabschiedet.

Wenn man auf eine größere Gruppe trifft, verbeugt man sich leicht

Chinesen und Inder grüßen europäisch

MUSLIME grüßen mit *„Salam"* und sprechen die Männer mit *„Encik"*, unverheiratete Frauen mit *„Cik"* und Ehefrauen mit *„Puan"* an. CHINESEN und INDER grüßen eher europäisch.

Tischsitten

unterschiedlichste Speisen und Essgewohnheiten im Vielvölkerstaat Malaysia

Malaysia ist ein Vielvölkerstaat. Er vereinigt Völker und Traditionen Asiens, Indiens, Chinas, Indonesiens und der islamischen Welt. Sie werden daher auch die unterschiedlichsten Speisen und Essgewohnheiten vorfinden. Da die meisten Malaysier Muslime sind, gelten allerdings vorwiegend die Tischsitten des Orients. Auf Schweinefleisch wird daher in der Regel ganz verzichtet, ein großer Teil der Bevölkerung ernährt sich aber rein vegetarisch.

Gegessen wird mit Stäbchen, Besteck oder den Händen, je nachdem, in welchem Kulturkreis Sie sich gerade aufhalten. Allgemein gilt, dass die linke Hand unrein ist und nur die rechte zum Essen benutzt werden darf.

Dress-Code

Kleidung sollte stets sauber und gut gebügelt sein

Legere Freizeitkleidung ist sehr populär, sie darf aber niemals zuviel Haut preisgeben. Malaysier achten auch hier auf bekannte Marken, mit No-Name-Labels wird man wenig Achtung erzielen. Besonders wichtig ist in Malaysia, dass Kleidung stets sauber und gut gebügelt ist.

Abends geht es sehr elegant zu, wobei allerdings nicht unbedingt Krawattenzwang besteht. Das allgegenwärtige Batikhemd wird als vollwertiger Ersatz angesehen.

Im Business ist korrekte Geschäftskleidung erforderlich

Im Business ist allerdings korrekte Geschäftskleidung erforderlich. Dazu zählt aber auch der klassische Safarianzug. Frauen sind nicht den ganz strengen Kleidungsvorschriften des Islam unterworfen wie zum Beispiel dem Kopftuchzwang; kurze Röcke, bloße Arme und Dekolletees sind allerdings verpönt.

Einladungen und Gastgeschenke

Einladungen nach Hause sind weit verbreitet

Einladungen nach Hause sind weit verbreitet. Sie stehen etwa gleichwertig neben den Restauranteinladungen. Beim Betreten eines Hauses zieht man an der Tür die Schuhe aus. Pünktliches Erscheinen wird nicht erwartet. Man hat einen relativ großzügigen Zeitbegriff, was sich auch an dem ausnahmslos verspäteten Beginn von Veranstaltungen zeigt.

Angebotene Erfrischungen, gleich welcher Art, müssen unbedingt angenommen werden. Sie werden mit zwei Händen gereicht und auch empfangen.

Angebotene Erfrischungen müssen unbedingt angenommen werden

Die Frage der Gastgeschenke richtet sich stark nach der religiösen und nationalen Ausrichtung der Gastgeber. Verzichten Sie in jedem Fall aber auf Alkohol und schenken Sie Chinesen keine Blumen.

Hochwertige Markenartikel bieten sich ebenso an wie kleinere Souvenirs aus Deutschland. Chinesen und Inder werden Ihre Gastgeschenke nicht sofort auspacken. Alle anderen Nationen werden das Geschenkpapier schon bei der Übergabe lüften.

Hochwertige Markenartikel sowie kleinere Souvenirs aus Deutschland

Trinkgeld

Trinkgeld ist üblich und liegt etwa bei 10 Prozent, obwohl eigentlich schon im Rechnungsbetrag 10 Prozent Bedienungsaufschlag und 5 Prozent Regierungssteuer enthalten sind. Taxifahrer erwarten kein Trinkgeld.

Businessgepflogenheiten

Geschäftliche Termine müssen vorher vereinbart werden. Pünktlichkeit wird erwartet. Visitenkarten werden gerne und oft verteilt. Wichtig ist es, bei der ersten Begrüßung Visitenkarten auszutauschen, aus denen deutlich der Kompetenzrahmen und die Position der Geschäftspartner hervorgeht. Visitenkarten werden aufmerksam studiert und mit beiden Händen überreicht und auch empfangen.

Visitenkarten sollten Kompetenzrahmen und Position ausweisen

Der Arbeitsstil ist hart und sehr effektiv. Die Wirtschaft Malaysias gehört zu den erfolgreichsten der Welt. Dennoch gilt auch hier das Primat von Form und Harmonie. Eine offene Ablehnung oder ein klares Nein sind in Malaysia völlig unmöglich. Es wird eher eine falsche Antwort gegeben als zuzugeben, dass man etwas nicht weiß oder anderer Meinung als der Gesprächspartner ist.

Verhandlungen ziehen sich für unsere Begriffe endlos hin. Wer darüber die Geduld verliert oder hektisch wird, hat verloren. Nichts wird in Malaysia geringer geschätzt als Ungeduld oder unbeherrschte Gefühlswallungen.

Keinesfalls dürfen Sie Produkte oder Organisationsformen Ihres Gegenübers oder gar Ihren Gesprächspartner selbst in welcher Form auch immer kritisieren.

Kritik in jeder Form ist verpönt

Von entscheidender Bedeutung ist die Vertrauenswürdigkeit der Geschäftspartner

Von entscheidender Bedeutung ist die Vertrauenswürdigkeit der Geschäftspartner. Diese wird im Gespräch und vorher durch die Einholung von Informationen geprüft. Wichtig ist auch, dass die Gesprächspartner nicht wechseln, da jeder neue Businesspartner erst wieder auf Herz und Nieren geprüft werden muss. Verhandlungen beginnen zunächst mit allgemeinen Themen und Fragen. Danach kommt es zu einer umfangreichen Darstellung der Gemeinsamkeiten. Hier werden Differenzen noch nicht thematisiert. Bevor die Gegenseite ihren Standpunkt vertritt, würdigt sie in angemessener Form die Qualität der vorgetragenen Argumente.

Geschäftszeiten: 18.30 Uhr bis 16.00 Uhr oder auch 17.30 Uhr mit Mittagspause zwischen 12.00 Uhr und 14.00 Uhr. Samstags 8.00 Uhr bis 12.00 Uhr.

Verstöße gegen islamische Bräuche werden rigoros geahndet

Tabus und Fettnäpfchen

- Der Islam ist in Malaysia Staatsreligion. Entsprechend streng werden islamische Bräuche gehandhabt. Verstöße werden rigoros geahndet. Wer in der Öffentlichkeit raucht, Kaugummi kaut, die Straße verschmutzt oder sie nur unachtsam überquert, hat mit teilweise drakonischen Strafen zu rechnen. Der Erfolg ist überall sichtbar: Wohl nirgends auf der Welt sind die Straßen so sauber wie in Malaysia.
- Malaysia ist sehr prüde. Zärtlichkeiten in der Öffentlichkeit sind verpönt. Homosexualität ist unter Strafe gestellt. Bikinis sind nicht gerne gesehen, „oben ohne“ ist überall verboten.
- Den Anordnungen von Soldaten und Polizisten ist unbedingt Folge zu leisten, besonders wenn es um das Fotografierverbot geht.

Halten Sie Ihre Gefühle unter Kontrolle

Tipps

- Einladungen in Karaoke-Bars sind an der Tagesordnung. Wenn Sie dort englischsprachige Lieder mitsingen, sammeln Sie wichtige Pluspunkte.
- Halten Sie Ihre Gefühle unter Kontrolle. Zeigen Sie weder Wut, Verärgerung noch Freude, Trauer oder sonstige starke Gemütsregungen.
- Vermeiden Sie schnelle Bewegungen oder wildes Gestikulieren.

Afrika

Ägypten

Begrüßung

Man redet sich gegenseitig mit Titeln an

Zur Begrüßung geben sich Männer die Hand. Man redet sich gegenseitig mit Titeln an. Es ist eigentlich unüblich, dass auch Männer Frauen mit Handschlag begrüßen.

Im Verkehr mit Ausländern passen sich aber zunehmend besonders Business-Frauen den Begrüßungsritualen des Gastes an und reichen zur Begrüßung (von sich aus) die Hand. Unter Männer werden auch Wangenküsschen oder Umarmungen ausgetauscht. Als Frau sollten Sie hingegen – vor allem Männern gegenüber – bei einem Lächeln und Kopfnicken bleiben.

WICHTIG: Ein Mann begrüßt eine Frau nur dann mit Handschlag, wenn die Frau ihre Hand zuerst reicht. Anderenfalls bleibt es beim verbalen Gruß. Auf keinen Fall dürfen verschleierte Frauen berührt werden! Für jeden Kontakt mit Frauen gilt: Augenkontakt auf ein absolutes Minimum beschränken.

Tischsitten

Niemals die linke Hand zum Essen oder zur Begrüßung verwenden

Brot dient oft als „Ersatzlöffel“

Gegessen wird zunehmend mit Messer und Gabel. Die ländliche Bevölkerung und Beduinen essen noch nach traditioneller Art mit den Fingern. Benutzt werden dazu Daumen, Zeige- und Mittelfinger ausschließlich der rechten Hand. Niemals die linke Hand zum Essen oder zur Begrüßung verwenden. Sie gilt als unrein, da sie zusammen mit Wasser auf der Toilette das Toilettenpapier ersetzt. Brot dient oft als „Ersatzlöffel“, mit dem einzelne Speisen zum Mund geführt werden. Für jeden Vorgang muss ein neues Stück Brot abgebrochen werden. Nicht dasselbe Stück Brot mehrmals in ein Gericht tunken!

Landesspezialitäten sind Bohnengerichte (FOUL), KEBABS und HUMMUS (Kichererbsenpüree).

Moslems essen kein Schweinefleisch. Das sollten auch Sie nicht tun, abgesehen davon, dass es schwer sein wird, überhaupt irgendwo Schweinefleisch zu erhalten.

Da Ägypten ein islamisches Land ist, wird Alkohol in der Öffentlichkeit nicht getrunken. Jedoch darf er privat und in lizenzierten Lokalen, Bars und Clubs ausgeschenkt werden. Überhaupt gilt Ägypten in puncto Alkohol als eines der liberaleren muslimischen Länder. Als Ausländer müssen Sie sich nicht strikt an islamische Regeln halten – achten Sie diese jedoch, wird dies mit Respekt belohnt.

zur Zeit des RAMADAN (Fastenzeit), darf in der Öffentlichkeit nicht gegessen werden

ANMERKUNG: zur Zeit des RAMADAN (Fastenzeit), darf in der Öffentlichkeit nicht gegessen werden. Moslems dürfen im Ramadan erst nach Anbruch der Dunkelheit wieder etwas zu sich nehmen. Es wird auch von Ausländern diesbezüglich Zurückhaltung erwartet. Selbstverständlich dürfen Sie in dieser Zeit tagsüber auch keine Einladungen zum Essen aussprechen (dies gilt auch für das Anbieten von Zigaretten).

Dress-Code

Zurückhaltende Bekleidung ist meist angemessen. Bei der Auswahl Ihrer Kleidung müssen Sie immer daran denken, dass Sie sich in einem islamischen Land befinden. Auf ein gepflegtes Äußeres wird Wert gelegt, das allerdings nie zu figurbetont, zu knapp oder zu freizügig sein darf. Miniröcke, tiefe Ausschnitte usw. sind zu vermeiden. Nackte Haut zeigen ist tabu, als Richtlinie kann gelten: Schultern, Arme und Knie sollten bedeckt sein, kurze Hosen nur am Strand. Daran müssen Sie sich nicht in Großstädten wie Kairo oder den Badeorten halten, aber diese Kleidung ist auf jeden Fall richtig für den Besuch der ländlichen Gebiete oder von Tempeln und Moscheen.

Schultern, Arme und Knie sollten bedeckt sein

Westliche Bekleidung wird jedoch in allen modernen Nachtklubs, Restaurants, Hotels und Bars in Kairo, Alexandria und anderen Urlaubsorten akzeptiert, aber nicht unbedingt respektiert.

Offizielle oder gesellschaftliche Veranstaltungen und vornehme Restaurants erfordern elegantere Kleidung. Sind Sie geschäftlich unterwegs, ist formelle Kleidung ein Muss. Auch wenn es noch so heiß ist: Anzug und Krawatte gehören zur Grundausstattung. Schwarz wird ausschließlich zu Beerdigungen getragen.

Für Geschäftstermine ist formelle Kleidung ein Muss

Einladungen und Gastgeschenke

Eine Einladung auszuschlagen ist ein Affront. Etwas Zeit für Tee und Süßigkeiten sollte man sich immer nehmen. Ägypter sind herzlich, höflich und gastfreundlich und erwarten ähnlichen Respekt auch von ihren Gästen. Einer Einladung muss eine Gegeneinladung folgen.

Bei Privateinladungen werden nicht mehr automatisch die Schuhe vor dem Haus ausgezogen. Sehen Sie jedoch vorbereitete Pantoffeln oder die Schuhe der Hausbewohner vor der Tür stehen, entledigen Sie sich auch Ihrer Fußbekleidung.

Ist ein Gast eingeladen, werden aufwändige und teure Speisen aufgetischt. Isst man als Gast den Teller nicht ganz leer, ist dies ein Kompliment, mit dem man dem Gastgeber für die hervorragende Bewirtung dankt. Vor dem Essen wird der obligatorische Kaffee oder Tee gereicht. Zuerst jedoch wäscht sich jeder die Hände in einer Wasserschüssel, die herumgereicht wird. Am Ende einer Mahlzeit waschen sich alle erneut die Hände.

Isst man als Gast den Teller nicht ganz leer, ist dies ein Kompliment an den Gastgeber

Wenn Sie auf einem Kissen oder auf dem Boden sitzen, nach Möglichkeit den „Schneidersitz“ einnehmen, da Sie dann dem Gegenüber nicht die Schuhsohlen zeigen. Das wäre grob unhöflich.

Trotz fortschreitender Liberalisierung ist es nicht unüblich, dass sich Frauen und Männer bei Einladungen getrennt unterhalten, manchmal sogar in unterschiedlichen Zimmern.

Wer eingeladen ist, bringt ein Geschenk mit. Blumen und vor allem Alkohol sind tabu. Besser sind Konfekt oder Souvenirs aus Deutschland. Geschenke sollten „adäquat“„ sein. Zu teure Mitbringsel würden viele Ägypter angesichts des vergleichsweise niedrigen Lohnniveaus in Verlegenheit bringen. Denken Sie insbesondere an kleine Geschenke für die Kinder.

Blumen und vor allem Alkohol sind tabu

Wie immer in Ägypten sollten Sie den Eindruck von Hektik vermeiden, Gastfreundschaft heißt hier: nicht anmerken lassen, dass man eigentlich keine Zeit hat.

Trinkgeld

Nichts geht in Ägypten ohne Trinkgeld, Bakschisch. Trinkgeld wird allerorten gern genommen und gegeben – manchmal wirkt es auch als „Sesam öffne Dich“.

10 bis 12 Prozent wird auf Hotel- und Restaurantrechnungen aufgeschlagen, ein Trinkgeld von 5 Prozent extra ist üblich. Taxifahrer erwarten 10 Prozent. Decken Sie sich mit ausreichendem Hartgeld ein, jede kleine Dienstleistung kostet einige Münzen. Das Trinkgeld ist Bestandteil des Lebens-

Nichts geht in Ägypten ohne Trinkgeld, Bakschisch

unterhaltes. Auch für viele Sehenswürdigkeiten verlangen die Ägypter eine Fotogebühr, andernfalls müssen Sie ihre Kamera abgeben.

Businessgepflogenheiten

Geschäftsbesuche beginnen zumeist mit leichter Konversation und Kaffee oder Tee, um Vertrauen aufzubauen. Die traditionellen Tee- oder Kaffeerunden ziehen sich gewöhnlich über drei Tassen hin. Wer geschäftlich unterwegs ist, beginnt erst dann mit seinem Anliegen.

Gegenseitiges Kennenlernen ist wichtig

Überhaupt wird viel Zeit auf das Kennenlernen der Geschäftspartner verwendet. Dazu dient auch der Smalltalk während der Teerunden. Als Thema bietet sich z.B. die positive wirtschaftliche Entwicklung Ägyptens an.

Termine sind eher Richtwerte

Termine sind eher Richtwerte. Ungeduld stößt bei vielen Arabern auf großes Unverständnis. Vermeiden Sie es daher auf schnelle Entscheidungen zu drängen. Mit Druck erreichen Sie überhaupt nichts. Sie würden Ihren Gesprächspartner nur nachhaltig irritieren. Hektik ist unbekannt: Nehmen Sie sich immer Zeit für einen kleinen Plausch.

Islamische Bräuche sollten auch im Business respektiert werden. Während des Fastenmonats RAMADAN sind die geschäftlichen Aktivitäten eingeschränkt.

Viele Geschäftsleute sprechen Englisch und Französisch, Visitenkarten auf Arabisch sind jedoch ein Kompliment gegenüber dem Geschäftspartner. Geschäftszeiten: Samstag bis Donnerstag 09.00 bis 14.00 Uhr.

Tabus und Fettnäpfchen

- Naseschneuzen bei Tisch gilt als äußerst unappetitlich und grob unhöflich.
- „Oben ohne“ zu baden ist an öffentlichen Stränden ein schwerer Verstoß gegen die guten Sitten. In den Gartenanlagen und an den Stränden der Hotels wird es dagegen toleriert, sollte aber auch hier schon aus Gründen der Wertschätzung gegenüber Religion und Kultur unterbleiben.
- Zärtlichkeiten auf offener Straße sind verpönt. Dazu gehören auch Händchenhalten und Umarmungen, selbst bei Ehepartnern. Ägyptischen Frauen sollten auf keinen Fall Komplimente gemacht werden. Es darf ihnen auch nicht in den Mantel geholfen werden.

- Erkundigen Sie sich bei Ihrem Gesprächspartner bitte nicht nach dem Befinden der verehrten Frau Gemahlin. Auch das Thema „Familie“ ist tabu.

Das Thema „Familie“ ist tabu

- Fotografieren: Heikles Thema in muslimischen Ländern. Zwar verbietet der Koran nicht explizit die Abbildung von Menschen, islamische Geistliche interpretieren jedoch einige Andeutungen des Korans als Bilderverbot. Daher sind Porträts selten (abgesehen vom Regierungsoberhaupt). Moscheen sind mit Ornamenten geschmückt, niemals mit Bildnissen von Heiligen.
- Weite Teile der Bevölkerung fürchten überdies den „bösen Blick“. Deswegen lässt man sich ungern fotografieren. Fragen Sie also um Erlaubnis, bevor Sie jemanden ablichten wollen. In Moscheen und an militärischen Anlagen ist das Fotografieren verboten. Wer die Anweisungen von Polizisten und Wachpersonal missachtet, hat mit sehr negativen Folgen zu rechnen.

Weite Teile der Bevölkerung fürchten den „bösen Blick“

- Schlagen Sie beim Sitzen nach Möglichkeit nicht die Beine übereinander. Auf keinen Fall dürfen Sie Gesprächspartner die Schuhsohlen zeigen. Dies würde als schwer wiegende Beleidigung aufgefasst.

beim Sitzen nicht die Beine übereinander schlagen

Tipps

- Die Korallenriffe des Roten Meeres stehen unter Naturschutz. Wer Korallen abbricht, muss mit hohen Geldstrafen rechnen.
- Cafés sind immer noch eine Domäne der Männer. Wer als Frau nicht angestarrt oder angesprochen werden will, nimmt zu solchen Orten besser einen Mann als Begleiter mit.
- Bei Besuchen in Moscheen müssen die Schuhe ausgezogen werden.

NORDAFRIKA

(Tunesien, Marokko, Algerien)

Begrüßung

In ländlichen Gebieten und kleineren Städten sind arabische Begrüßungen üblich. In größeren Städten verschmelzen sie sich jedoch mit französischen Umgangsformen. Man reicht einander zur Begrüßung die Hände. Oft kommt es auch zu Umarmungen, allerdings nur unter Männern bzw. unter Frauen.

Männer dürfen Frauen nur die Hand reichen, wenn die Initiative von den Frauen ausgeht!

Titel sind sehr wichtig, danach wird der Familienname genannt

Titel sind sehr wichtig, danach wird der Familienname genannt. Reihenfolge der Begrüßung: zuerst ältere Menschen, dann Männer, dann Frauen.

Smalltalk und persönliche Beziehung haben Vorrang vor „Hard Facts". Zum Smalltalk gehört es auch, sich nach der Familie zu erkundigen. Niemals voreilig auf geschäftliche Dinge zu sprechen kommen! Es ist auch nicht üblich, sofort alle Absichten und Vorhaben offen zu legen.

TUNESIEN: Das Verbot für Männer, eine Frau zu berühren, wird weniger streng gehandhabt. Man kann auch eine Frau im Business oder in Großstädten mit Handschlag begrüßen, allerdings muss dennoch die Initiative von der Frau ausgehen. In ländlichen Gebieten und bei besonders traditionsbewussten Frauen gilt jedoch nach wie vor das Berührungsverbot.

Beim Betreten eines Geschäftes oder Büros begrüßt man den Eigentümer oder das Personal.

Tischsitten

Wer seinen Teller ganz leert isst, signalisiert damit, dass er nicht satt geworden ist

Einladungen zum Tee oder Erfrischungen nicht ausschlagen. Immer einen Rest auf dem Teller liegen lassen, wer ihn leer isst zeigt, dass er nicht satt geworden ist. Ein kleiner Rest auf dem Teller signalisiert dem Gastgebern, dass Sie reichlich verpflegt sind. Der aufmerksame Gastgeber wird darauf bestehen, dass die Gäste einen zweiten oder dritten Nachschlag nehmen. Aus Gründen der Höflichkeit sollte das Angebot nicht abgelehnt werden. Wenn wirklich nichts mehr geht, bedankt man sich mit dem Wort *„el-Hamdullah"* („Gott sei Dank") und zeigt damit, dass man satt ist.

Strenggläubige Muslime essen kein Schweinefleisch und trinken keinen Alkohol, akzeptieren allerdings eher als in anderen islamischen Ländern „Verstöße" von Ausländern gegen die entsprechenden Gebote. Dennoch sollten Sie sich aus Gründen des Respekts an die Gepflogenheiten des Gastlandes halten.

In der Regel besteht das Essen aus mehreren Gängen. Es empfiehlt sich daher, von jeden Gang nicht zu viel zu nehmen um nicht in die Verlegenheit zu kommen, etwas ablehnen zu müssen. Vor und nach dem Essen werden die Hände gewaschen.

In der Regel besteht das Essen aus mehreren Gängen

ALGERIEN: In Algerien wird üblicherweise ein Besteck benutzt. Einige Gerichte, besonders solche mit Saucen, werden allerdings auch gerne mit der Hand gegessen. Das Brot wird dabei als eine Art Schöpflöffel gebraucht. Dabei darf jedoch nur die rechte Hand (Daumen, Zeige- und Ringfinger) benutzt werden, da die linke traditionsgemäß für die persönliche Hygiene gebraucht wird und daher als unrein gilt.

Oft sitzen Algerier auch im Restaurant auf dem Boden um einen niedrigen Tisch herum.

TUNESIEN: Im Unterschied zu den meisten islamischen Ländern besteht keine Vorschrift, welche Hand für welche Tätigkeit zu benutzen ist.

MAROKKO: Alkohol gibt es nur in entsprechend lizenzierten Restaurants und Bars.

Dress-Code

Zu privaten Anlässen trägt man Freizeitkleidung, zu offiziellen Terminen sind Anzug mit Krawatte bzw. Kostüm angebracht. Die strengen Kleiderregeln des Islam gelten auch in Nordafrika, auch wenn Ausländer weniger streng beurteilt werden. Devise: So wenig Haut wie möglich zeigen, keine kurzen Röcke, besser Hosen tragen. Dekolletee immer bedeckt halten.

Die strengen Kleiderregeln des Islam gelten auch in Nordafrika, auch wenn Ausländer weniger streng beurteilt werden

„Oben ohne“ an öffentlichen Stränden gilt als unschicklich und sollte auch in den Hotelanlagen unterbleiben. Dass viele Touristinnen es dennoch praktizieren heißt nicht, dass sie dadurch in der Achtung der Einheimischen steigen.

Einladung und Gastgeschenke

Auf Gastfreundschaft wird großer Wert gelegt. Die Einladung in ein privates Haus gilt als Ehre.

Bei einer privaten Einladung zieht man die Schuhe vor dem Haus aus. Nach dem obligatorischen Kaffee oder Tee folgt das Essen. Davor jedoch wäscht sich jeder die Hände in einer Wasserschüssel, die herumgereicht wird. Am Ende einer Mahlzeit waschen sich alle erneut die Hände.

Es ist unanständig, mit dem Finger zu deuten

Es ist unanständig, mit dem Finger zu deuten. Als Beleidigung gilt es, wenn man einer anderen Person seine Schuhsohle zeigt. Wenn Sie auf einem Kissen oder auf dem Boden sitzen, nehmen sie also am besten den Schneidersitz ein, weil Sie dann Ihrem Gegenüber nicht die blanken Sohlen entgegenstrecken. Das wäre unhöflich. Gegenstände werden mit der rechten oder mit beiden Händen herumgereicht, aber nie mit der linken Hand allein.

Es setzt sich immer mehr durch, dass auch Ehefrauen mit eingeladen werden. Sie sitzen dann am Tisch der Männer, während die weiblichen Familienmitglieder in einem Nebenraum essen.

Blumen und vor allem Alkohol werden nicht verschenkt

Besucher, die zum ersten Mal kommen, werden durch das Haus geführt.

Blumen und vor allem Alkohol werden nicht verschenkt. Es bieten sich Konfekt oder Souvenirs aus Deutschland an.

Einer Einladung sollte eine Gegeneinladung folgen.

Businessgepflogenheiten

Termine sollten im Voraus vereinbart und bestätigt werden. Die traditionellen Tee- oder Kaffeerunden ziehen sich gewöhnlich über drei Tassen hin. Jedem Geschäftsgespräch geht eine lange Phase Smalltalk voraus. Erst danach beginnt man mit seinem Anliegen.

geschäftliche Anliegen erst nach dem Smalltalk

In der Zeit des Ramadans kann der normale Geschäftsablauf erschwert sein.

In Sachen Pünktlichkeit sind französische Höflichkeits- und Umgangsformen angebracht.

Verhandlungen

Amtssprache ist Arabisch, überwiegend wird auf französisch verhandelt.

Verhandlungen benötigen sehr viel mehr Zeit als bei uns und werden oft durch Restaurantbesuche und dergleichen unterbrochen. Dabei sollten Sie auf keinen Fall Zeichen von Ungeduld zeigen, schließlich geht es darum, dass zwischen den Geschäftspartnern ein persönliches Verhältnis entsteht. Die Beziehungsebene ist wichtiger als die Sachebene.

Klare Stellungnahmen, Kritik und offene Ablehnung sind unüblich

Klare Stellungnahmen, Kritik und offene Ablehnung sind unüblich. Strittige Punkte werden immer wieder neu verhandelt.

Tabus und Fettnäpfchen

- Die Angst vor dem „bösen Blick“ ist weit verbreitet. Deswegen haben viele Leute erhebliche Vorbehalte dagegen, fotografiert zu werden. Daher immer vor dem Fotografieren fragen und um Erlaubnis bitten. Am besten Bakschisch anbieten.
- Cafés sind eine Männerdomäne. Frauen ohne Männerbegleitung werden sich vor Anzüglichkeiten kaum retten können.

Cafés sind eine Männerdomäne

- Männer sollten einheimische Frauen nicht auf der Straße ansprechen. Auch nicht, um nach dem Weg zu fragen.
- Persönliche Fragen (Ausnahme Tunesien) oder heikle Themen wie Politik oder Religion werden am besten gemieden, es sei denn, der Gastgeber selbst bringt sie in die Konversation ein.

Tipps

- Tourismus ist das wirtschaftliche Rückgrat Nordafrikas, deswegen können Besucher mit größerer Toleranz als in anderen islamischen Ländern rechnen.
- Marokko: Verglichen mit Tunesien und Algerien nimmt Marokko den Islam etwas ernster. Die Toleranz gegenüber Ausländern ist etwas geringer. Alkohol gibt es nur in entsprechend lizenzierten Restaurants und Bars.
- Tunesien: Alkohol wird überall geduldet. Lediglich freitags und während des Ramadan wird er nicht ausgeschenkt. Eine Ausnahme machen natürlich alle Urlauberhotels.
- Rauchen ist sehr verbreitet, es ist durchaus üblich, einander Zigaretten anzubieten.
- Die meisten Moscheen bleiben für Nichtgläubige geschlossen. Bei den wenigen, die Sie besuchen dürfen, müssen Sie erst einmal die Schuhe ausziehen. Frauen dürfen gewöhnlich nicht in den Hauptbereich, wo die Männer beten.

SÜDAFRIKA

Begrüßung

Händeschütteln ist eigentlich – besonders unter Weißen – nicht üblich. Es bürgert sich jedoch zunehmend ein, in den ländlichen Regionen werden dabei auch beide Hände umfasst. Da in Südafrika viele verschiedene Ethnien beheimatet sind, weiß man nie genau, welches Begrüßungsritual der jeweilige Gesprächspartner bevorzugt. Es empfiehlt sich daher abzuwarten, wie das Gegenüber sich verhält.

Es empfiehlt sich abzuwarten, wie das Gegenüber sich verhält

Die Anrede mit dem Vornamen erfolgt unter hierarchisch und gesellschaftlich Gleichgestellten relativ schnell und ist auch unter Geschäftspartnern verbreitet. Es wird aber oft dennoch die Sie-Form gewählt, die sich durch die Beibehaltung von Titeln in Kombination mit dem Vornamen ausdrückt.

Titel in Kombination mit dem Vornamen

Tischsitten

Aufgrund der Zugehörigkeit Südafrikas zum britischen Kolonialreich sind mitteleuropäische Sitten üblich. Eine Ausnahme bildet die Möglichkeit, mit der rechten Hand ohne Zuhilfenahme von Besteck zu essen. Dies gilt insbesondere für die leckeren Curry-Gerichte mit Reis.

mitteleuropäische Sitten

Einladungen in Restaurants sind üblich. Die Rechnung übernimmt jeweils der Gastgeber, Einzelabrechnungen gibt es nicht.

Dress-Code

Im privaten Bereich geht es sehr leger zu. Mit sportlicher Freizeitkleidung liegt man immer richtig.

Businesskleidung ist konservativ, je nach Situation kann jedoch auch einmal auf die Krawatte verzichtet werden. Dies wird jedoch sehr unterschiedlich gehandhabt, am besten an den Geschäftspartnern orientieren.

Businesskleidung ist konservativ

Elegante Kleidung zu besonderen Anlässen (z.B. Theaterbesuch) ist üblich. Ein großer Teil des gesellschaftlichen Lebens spielt sich in Clubs ab. Dort ist formale Kleidung erwünscht.

Einladungen und Gastgeschenke

Einladungen nach Hause sind nicht an der Tagesordnung, kommen aber durchaus vor. Man erscheint pünktlich. Ansonsten gelten britische Umgangsformen. Gastgeber erwarten nicht unbedingt ein Geschenk. Wenn Sie dennoch ein Präsent überreichen wollen, liegen Sie mit einer ausgesucht guten Flasche Wein oder Literatur richtig.

In der Regel gelten britische Umgangsformen

Trinkgeld

10 Prozent vom Rechnungsbetrag ist üblich, wenn das Trinkgeld nicht im Preis enthalten ist. Portiers, Kellner und Zimmerservice-Personal, Gepäckträger und Taxifahrer erwarten ein Trinkgeld; in den Hotelrechnungen ist kein Bedienungsgeld enthalten.

Businessgepflogenheiten

Vorherige Terminvereinbarungen und Visitenkarten (auf denen auch Titel vermerkt sind) sind üblich. Pünktlichkeit ist selbstverständlich.

In der Kommunikation wird besonderer Wert auf Freundlichkeit gelegt und das auch bei eventuell kontrovers geführten Diskussionen. Vergessen Sie daher niemals zu lächeln.

Die Gesprächsführung ist weit weniger direkt als bei uns. Klare Ablehnungen gelten als unhöflich. Auf Kritik sollte ganz verzichtet werden.

Klare Ablehnungen und Kritik sollten vermieden werden

Seriöses Auftreten wird sehr geschätzt, gemäß der britischen Art des Auftretens liegen Sie mit einer Spur Understatement besser als mit offensivem Selbstbewusstsein.

Geschäftszeiten: Montag bis Freitag 08.30 bis 16.30 Uhr.

Tabus und Fettnäpfchen

- Das Thema Apartheid ist sehr sensibel und daher unbedingt auszuklammern.
- Weiße Afrikaner sind gemäß den alten viktorianischen und niederländischen Umgangsformen etwas prüder als die schwarzen. Freizügiges Auftreten gleich welcher Art verbietet sich daher. „Oben ohne“ an öffentlichen Ständen ist verpönt. Für Anhänger der FKK gibt es extra ausgewiesene Zonen.
- Über Politik wird zwar gerne und heftig diskutiert, die Einmischung von ausländischen Gästen in entsprechende Themen kommt jedoch weniger gut an.
- Es wird ungern gesehen, wenn ausländische Besucher bettelnden Kindern Geld geben, da man diese dadurch zu einer Bettlerkarriere animiert.

Politik ist kein Thema

Tipps

- Im Allgemeinen und entsprechend der britischen Art legt man in Südafrika Wert auf Titel und Statussymbole.

- Das Wirtschaftsleben Südafrikas wird nach wie vor von Weißen bestimmt, die Politik eher von Schwarzen. Aus dieser Konstellation können Probleme erwachsen.

Grundkenntnisse der südafrikanischen Sportszene erwerben

- Südafrikaner sind sehr sportinteressiert. Es empfiehlt sich, dazu Grundkenntnisse der südafrikanischen Sportszene zu erwerben.

Den Abschluss dieser zweckdienlicherweise sehr komprimierten einzelnen Länderfokusse soll ein ausführlicheres Beispiel bilden. Exemplarisch werden Innenansichten aus Japan vorgestellt, einem Land also, das oberflächlich betrachtet zwar westlich anmutet, dessen tieferes Verständnis sich westlichem Denken aber nicht unmittelbar erschließt.

Zu Gast in Japan

Ein Blick hinter die Kulissen der Tu's und Tabus

von Angela Kessel

auf den ersten Eindruck gar nicht exotisch

Auf den ersten Blick wirkt Japan für den aus dem Westen anreisenden Besucher nicht wirklich exotisch oder fremdartig. Wer seinen privaten oder geschäftlichen Besuch in Tokyo, Osaka oder in einer der andern japanischen Metropolen beginnt, stößt auf so manchen ganz unasiatisch anmutenden Eindruck: Viele „sarariman" (japanische Version des englischen Wortes „salary man" = Büroangestellte) in gedeckten Anzügen und Frauen in schicken Kostümen bestimmen das Straßenbild. Die Architektur der großen Städte ist vorwiegend westlich geprägt. McDonald's, Starbucks Coffee und neuerdings auch türkische Kebab-Stände grüßen an jeder Straßenecke. Englische Werbebotschaften – wenn auch nicht immer korrekt geschrieben – prägen das Marketing vieler Produkte. Das Hotelzimmer könnte ebenso gut nach London oder Frankfurt passen. Und wer geschäftlich unterwegs ist, wundert sich vielleicht über die fehlende Verbeugung und die Selbstverständlichkeit, mit der die Japaner ihre westlichen Partner mit Handschlag begrüßen.

Begrüßung per Handschlag

Vieles mutet zunächst einmal bekannt, kosmopolitisch und unkompliziert an. Vielleicht liegt dies daran, dass Japan im Vergleich mit anderen asiatischen Ländern wie der VR China oder Korea oft für verwestlicht und der Umgang mit Japanern für relativ einfach gehalten wird. So verwundert es nicht, dass auch interkulturelle Trainings zum Thema Japan momentan weniger stark gefragt sind als etwa China- oder Indien-Trainings.

Wer allerdings Geschäftsleute, die im asiatischen Raum engagiert sind, nach ihren Erfahrungen fragt, bekommt in 90

Prozent aller Fälle zu hören, dass gerade Japan die größte Herausforderung darstellt. *„Ich komme wirklich überall in Asien ganz gut zurecht – auch wenn ich mich nicht betont asiatisch verhalte. Aber die Japaner sind für mich ein Buch mit sieben Siegeln: Undurchschaubar und irgendwie auch unberechenbar. Ständig bin ich unsicher und denke, ich mache alles falsch"*, ist eine häufige Aussage. Sie zeigt, dass sich hinter der so westlich anmutenden Fassade viel mehr japanische Eigenheiten verbergen, als wir zunächst annehmen.

Die westliche Fassade ist trügerisch

Der japanische Begriff von Höflichkeit

Die japanische Höflichkeit ist sprichwörtlich

Die japanische Höflichkeit ist sprichwörtlich. Und sie existiert tatsächlich. Besonders augenfällig ist das für uns Deutsche im Servicebereich: Die Verkäuferin, die sich auch dann noch höflich bedankt, wenn der Kunde nach endloser Beratung das Geschäft unverrichteter Dinge wieder verlässt. Die Kassiererin, die das Wechselgeld mit einer Verbeugung und den Worten *„Bitte beehren Sie uns recht bald wieder"* herausgibt. Das – allerdings seltener werdende – Elevator-Girl, das die Kunden im Kaufhausaufzug unermüdlich darüber informiert, ob die Fahrt nach oben oder unten geht, wo man welche Waren findet und das natürlich auch die gewünschten Stockwerke für die Kunden drückt. Der Schaffner im SHINKANSEN, (japanischer Hochgeschwindigkeitszug) der sich beim Betreten und vor dem Verlassen eines Abteils in Richtung der Fahrgäste verbeugt. Und die Lautsprecherdurchsage in der U-Bahn, die die Fahrgäste dezent darauf hinweist, dass sie beim Aussteigen darauf achten mögen, nicht zu stolpern.

Angesichts dieser aus westlicher Sicht fast übertriebenen Höflichkeit ist es irritierend zu beobachten, dass sich Japaner in anderen Situationen geradezu grob und rüde verhalten können. Der jungen Mutter, die mit ihrem Kinderwagen verloren vor einer langen Treppe steht, hilft niemand. In der U-Bahn ist es zur Rushhour endgültig aus mit Höflichkeit und Rücksichtnahme. Drängeln, Stoßen und Schubsen sind an der Tagesordnung. Der Mann, der in der Unterführung des Shinjuku-Bahnhofs zusammengebrochen ist, wartet sehr lange, bis sich einer der vielen hundert Passanten zur Hilfeleistung durchringt: Szenen, wie sie sich täglich überall auf dieser Welt abspielen könnten. Wie aber passen sie ins sonst so höfliche Japan?

sich grob und rüde verhaltende Japaner

Eine kleine Episode, die mir selber in Japan passiert ist, hat mir geholfen, diesen nur scheinbaren Widerspruch zu begreifen. Am Tokyoter Hauptbahnhof stand ich vor einer großen Übersichtstafel des U-Bahn-Netzes und versuchte recht erfolglos, mich zu orientieren. Um mich herum befand sich eine ganze Traube von Japanern, aber niemand schien sich für mich zu interessieren oder mir gar helfen zu wollen. Ich beschloss, am Schalter um Rat zu fragen und drehte mich um, um fortzugehen. In diesem Augenblick sahen zwei Japanerinnen, die direkt hinter mir gestanden hatten, in mein Gesicht. Sie begannen sofort, sich zu entschuldigen, weil sie sich bisher nicht um mich gekümmert hatten und boten mir ihre Hilfe an.

Im Laufe des Gesprächs fand ich dann heraus, wie es zu diesem plötzliche Sinneswandel gekommen war. Trotz meiner blonden Haare hatten mich die beiden Damen von hinten für eine Japanerin gehalten. Blond gefärbte Haare sind in Japan schließlich trendy und allgegenwärtig. Erst der Blick in mein Gesicht hatte die Ausländerin verraten. Als Japanerin wäre ich nur Teil der anonymen und nicht beachtenswerten Masse gewesen. Als Ausländerin und Gast in Japan habe ich dagegen Höflichkeit und Hilfsbereitschaft erfahren.

Der Grad der Höflichkeit hängt davon ab, mit wem man es zu tun hat

Eine universelle, für alle geltende Höflichkeit nach westlichem Verständnis gibt es in Japan also nicht. Die Frage, ob und wie viel Höflichkeit man walten lässt, hängt ganz entscheidend davon ab, mit wem man es zu tun hat. Gäste, Kunden, ältere Menschen und alle Personen, die einen höheren Rang bekleiden, verdienen ein Höchstmaß an Aufmerksamkeit und Respekt. Das gilt auch für alle Menschen, mit denen man eine persönliche Beziehung unterhält oder zukünftig unterhalten möchte. Personen, zu denen man in keinerlei Beziehung steht, müssen dagegen auch nicht mit besonderer Höflichkeit behandelt werden.

Wer zu Gast in Japan ist, kommt fast immer nur mit dem sehr höflichen Gesicht Nippons in Berührung und erfährt eine geradezu überwältigende Gastfreundschaft. Schwieriger ist die Situation oft für Geschäftsleute. Sie werden bei ihren ersten Besuchen mit derselben Höflichkeit empfangen, die man Gästen nun einmal schuldig ist. In Japan ist der Kunde nicht lediglich König. Einige gängige Redewendung besagt, dass der Kunde Gott ist. Und ein Gott möchte auch wie ein solcher behandelt werden. Sofern die japanischen Partner aber die Kunden und die Westler die Lieferanten sind, ändert sich die Rollenverteilung oft sehr bald.

Manche sind gleicher

ausgeprägtes Hierarchiedenken

Es stellt sich im japanischen Sinne also auch die Frage, mit welchem Grad von Höflichkeit man eine andere Person bedenken muss. Japan ist – wie alle ostasiatischen Länder – eine Kultur mit einem ausgeprägten Hierarchiedenken.

Schon im Länderfokus zu Japan wurde auf die große Bedeutung hingewiesen, die der Austausch von Visitenkarten in Japan besitzt. Visitenkarten werden immer gleich zu Anfang einer (geschäftlichen) Beziehung überreicht. Und das mit gutem Grund. Schließlich gibt die kleine Karte detailliert darüber Auskunft, welchen sozialen oder beruflichen Rang das Gegenüber bekleidet. Ohne diese Information ist es fast unmöglich, sich einer anderen Person gegenüber korrekt zu verhalten.

Die Visitenkarte gibt Auskunft über den sozialen oder beruflichen Rang des Gegenübers

Das Hierarchiegefüge bestimmt einen großen Teil des Sozialverhaltens. Dazu zählen zum Beispiel die Tiefe der Verbeugung oder der Höflichkeitsgrad der Sprache. Vor wichtigen Personen wird man sich tiefer verbeugen. Man wird sich höflicher oder ehrerbietiger ausdrücken. Eine ranghohe Person hat überall den Vortritt. Sie erhält im Restaurant den besten Platz, legt die Menüwahl fest und genießt eine große Zahl weiterer Privilegien

Ein deutscher Geschäftsreisender berichtete mir, dass er auf einem Empfang in Japan eine sehr nette und zwanglose Unterhaltung mit zwei japanischen Mitarbeitern führte. Mit der lockeren Atmosphäre war es aber sofort vorbei, als ein dritter Japaner zur Gruppe hinzu stieß, der als „Director of Sales“ vorgestellt wurde. Die beiden Japaner nahmen sofort Haltung an, wechselten das Thema und ließen den Deutschen mehr oder weniger links liegen. Stattdessen war einer der beiden damit beschäftigt, für den ranghohen Vorgesetzten Getränke und Häppchen vom Büfett zu besorgen.

Von Westlern wird nicht erwartet, dass sie die gesamte Klaviatur der Höflichkeits- und Hierarchieregeln beherrschen und beachten. Insbesondere Privatreisende benötigen auch keine Visitenkarten. Geschäftsreisende hingegen kommen nicht ohne eine größere Anzahl der so genannten MEISHI aus und sollten versuchen, ranghohen Personen – zum Beispiel dem Abteilungsleiter oder Geschäftsführer auf Seite der japanischen Kunden – ein gewisses Maß an Respekt zollen.

Japanische Ausdrucksweise

Dazu gehört nicht unbedingt die perfekte Beherrschung der japanischen Etikette. Wenn man Japaner befragt, welche deutschen Verhaltensweisen sie als unhöflich empfinden, so lautet eine häufige Antwort, die Deutschen seien sehr direkt und oftmals auch verletzend in ihren Äußerungen.

Deutsche werden als zu direkt empfunden

Deutsche neigen dazu, Probleme direkt anzusprechen, offen „konstruktive" Kritik zu üben und auch ein deutliches Nein zu äußern, wenn ihnen etwas widerstrebt. In unserer eigenen Kultur steht eine direkte Ausdrucksweise für Sachlichkeit, Offenheit und Ehrlichkeit. In Japan hingegen ist dies verpönt. Man fürchtet, die Gefühle anderer zu verletzen und pflegt daher eine verblümte, indirekte Ausdrucksweise.

Der Japaner pflegt eine verblümte, indirekte Ausdrucksweise

Ein kleiner Kulturschock war es für mich, bei meinem ersten Japanaufenthalt in einem Discountgeschäft für Elektronikwaren den dort gekauften Walkman zu reklamieren. Die Verkäuferin erklärte mir höflich und geduldig mehrere Male, dass der Walkman ein Auslaufmodell gewesen und im Preis auch stark reduziert gewesen sei. Daher sei es *„schwierig"*, eine Reparatur durchzuführen. Für mich bedeutete *„schwierig"* nichts anderes, als dass es umständlich oder langwierig sein würde, den Walkman reparieren zu lassen. Ich versuchte also die Verkäuferin weiterhin von meinem Standpunkt zu überzeugen. Daraufhin behauptete sie nun, es sei sogar *„sehr schwierig"* das Gerät zu reparieren. Ich wurde wütend, verlangte eine plausible Erklärung und schimpfte innerlich auf den viel gerühmten japanischen Kundenservice. Die Verkäuferin wahrte die Contenance, entschuldigte sich vielmals und ließ den Geschäftsführer holen, der sich ebenfalls höflich entschuldigte und mir nochmals bestätigte, dass eine Reparatur *„sehr schwierig"* sein. Schließlich gab ich auf.

Was ich damals noch nicht wusste, war, dass die Formulierung *„sehr schwierig"* so etwas wie ein Codewort für *„absolut unmöglich"* ist. Es wäre sehr unhöflich gewesen, wenn die Verkäuferin mir als Kundin eine direkte Ablehnung im Sinne von *„Tut uns Leid. Das geht nicht. Sie haben da ein Auslaufmodell, für das es keine Ersatzteile mehr gibt"* entgegnet hätte. Stattdessen hat sie nur eine Andeutung gemacht und gehofft, dass ich den richtigen Schluss ziehe.

Japanische indirekte Kommunikation birgt gleich zwei Hürden.

1. Die Japaner verstehen

Es ist nötig, zwischen den Zeilen zu lesen

Dazu gehört eine Menge Übung und der gute Wille, sich ein bisschen in den Gesprächspartner hineinzudenken und zu ergründen, in welche Richtung die Argumente zielen. Wenn ein Japaner, der mit Ihnen im Zugabteil sitzt, bemerkt, dass es heute ziemlich heiß ist, möchte er Sie damit vielleicht indirekt fragen, ob es möglich ist, die Klimaanlage stärker einzustellen. Japaner besitzen sehr feine Antennen für solche Andeutungen und reagieren meistens sehr schnell darauf. Den auf direkte Kommunikation eingerichteten Westlern fällt es dagegen zu Beginn sehr schwer, zwischen den Zeilen zu lesen.

2. Sich selber indirekt ausdrücken

schroffe Formulierungen, insbesondere bei Kritik und Ablehnung, vermeiden

Dazu sollte man allzu deutliche, schroffe Formulierungen, insbesondere bei Kritik und Ablehnung, vermeiden. Manchmal reicht es schon, statt eines Aussagesatzes die Frageform zu benutzen, abmildernde Begriffe wie *„vielleicht“* zu verwenden oder bei kritischen Punkten ein *„Es tut mir Leid“*, oder *„Entschuldigung“* einfließen zu lassen.

Wer sich über sein Hotelzimmer beschweren möchte, könnte also sagen: *„Es tut mir Leid, aber mein Zimmer ... Na ja, also, zur Straßenseite hin ist es sehr laut. Meinen Sie, dass es vielleicht möglich ist, das Zimmer zu wechseln?“*

Besondere Vorsicht ist natürlich dann geboten, wenn der Gesprächspartner ein wichtiger Kunde oder eine hochrangige Person ist. Direkte Kommunikation wirkt dann nicht nur verletzend. Sie kann auch dazu führen, dass die japanische Partei ihr Gesicht verliert, weil sie mit mangelndem Respekt behandelt wird. Im Geschäftsleben kann das weit reichende Folgen haben.

Das Deutschlandbild der Japaner

Um sich in einem fremden Land sicher bewegen zu können, ist es wichtig zu wissen, wie man selber als Repräsentant einer anderen Kultur dort wahrgenommen wird.

Die bereits erwähnte deutsche Direktheit und der damit verbundene Eindruck der Unhöflichkeit ist einer der wenigen Kritikpunkte, die die Japaner an den Deutschen üben. Sturheit und mangelnde Flexibilität mögen ebenfalls noch auf der Negativ-Seite zu finden sein. Im Großen und Ganzen ist das Deutschlandbild der Japaner aber sehr positiv geprägt. Anders als bei den europäischen Nachbarn, spielt die Zeit des Dritten Reiches keine so dominante Rolle in der Beurteilung der Deutschen. Im Vordergrund stehen klischeehafte deutsche Tugenden wie Pünktlichkeit, Zuverlässigkeit, Ordnungssinn und Disziplin – Werte, die die Japaner ebenfalls groß schreiben.

positives Deutschlandbild der Japaner

Vorherrschend ist immer noch das romantische Deutschlandbild. Märchenstraße, romantische Straße und die Schlösser Ludwigs II. sind allen Japanern ein Begriff und somit auch erklärte Ziele einer Deutschlandreise. Der Japaner, der alle Strophen des Liedes *„Am Brunnen vor dem Tore“* durchsingen kann und dies auch von seinem deutschen Gast erwartet, gehört der älteren Generation an. Dagegen kann man sich in vielen japanischen Karaoke-Bars auf Nenas Hit *„99 Luftballons“* einstellen.

Der Blick hinter die westliche Kulisse Japans kann verwirrend, widersprüchlich und auch sehr mühselig sein. Im Sinne japanischer Höflichkeit und indirekter Kommunikation gehört es sich nicht, den Gast darauf aufmerksam zu machen, dass er mitten ins Fettnäpfchen getreten ist oder einen Japaner beleidigt hat.

Die typische japanische Reaktion auf einen solchen Fauxpas ist Schweigen oder Rückzug. Kein Wunder also, dass Japan vielen Westlern wie das eingangs zitierte *„Buch mit sieben Siegeln“* vorkommt. Wer aber ehrliches Interesse sowie Respekt für Land und Leute zeigt und einige der beschriebenen Grundprinzipien beherzigt, wird Schritt für Schritt ein Gespür für Nippon und seine so gar nicht westliche Kultur entwickeln.

Die typische japanische Reaktion auf einen Fauxpas ist Schweigen oder Rückzug

Testen Sie Ihr interkulturelles Know-how!

Mit der Beantwortung der folgenden Fragen können Sie prüfen, wie sicher Sie sich auf internationalem Parkett bewegen können.

Die Behauptungen:

1. In den USA gehört es zum guten Ton, mit Gesprächspartnern in der Öffentlichkeit möglichst leise zu sprechen, um die anderen nicht zu stören.
2. In Großbritannien dagegen signalisieren laute Gespräche, dass man nichts zu verbergen hat, wer flüstert, macht sich verdächtig.
3. In Deutschland geht ein Mann stets vor einer Frau eine Treppe empor, da er ihr nicht unter den Rock sehen darf.
4. Besonders höflich sind in Deutschland Wünsche wie *„Prost“*, *„Guten Appetit“* und *„Gesundheit“* (beim Niesen).
5. In Österreich spricht man Personen stets mit Titeln an zu denen auch Berufsbezeichnungen gehören.
6. In Ungarn geht man schnell zum Vornamen über.
7. In Russland darf man keine gelben Blumen verschenken.
8. Wodka ist in Russland ein gern gesehenes Mitbringsel.
9. In Australien ist Trinkgeld nicht üblich.
10. Nach dem Essen sitzt man in China im Restaurant noch gerne in gemütlicher Runde beisammen.
11. Nach den Geboten des Islam darf der Mann seine Frau züchtigen.
12. In Tunesien steht auf Alkoholgenuss die Todesstrafe.
13. In Japan sollten Geschenke möglichst in weißes Papier als Zeichen der Unschuld verpackt werden.
14. Holzfällerhemd und Baseballkappe in amerikanischen Restaurants sind ein schwerer Fauxpas.
15. In Australien bringt man zu Barbecues eigene Getränke und Essen mit.
16. Aufgrund der hohen Restaurantpreise zieht man in Frankreich die Einladung von Gästen nach Hause vor.
17. In Großbritannien gilt es als schick, während einer Unterhaltung die linke Hand in der Hosentasche zu halten.

18. Aufgrund der hohen Alkoholpreise sind Skandinavier in punkto Alkoholgenuss sehr zurückhaltend.
19. In Asien sieht man sich beim Händedruck fest in die Augen.
20. In Asien ist der Händedruck wesentlich weicher als bei uns.
21. In Russland zeugt ein starker Händedruck von einem besonders aufrichtigem Charakter.
22. In China begrüßt man sich mit einer Verbeugung, bei der allerdings nur der Kopf geneigt wird.
23. In Indien bitten Kinder ausländische Gäste um einen Segen durch Auflegen der Hand auf die Stirn des Kindes.
24. In Spanien gilt es als schlecht erzogen, in der Öffentlichkeit betrunken aufzutreten.
25. Spanier trinken nur Alkohol, wenn sie dazu auch eine Kleinigkeit essen.
26. In Brasilien ist „Oben ohne“ am Strand allgemein akzeptiert.
27. Ein brasilianischer Gastgeber darf beim Hinausbegleiten seiner Gäste die Haustür nicht selbst öffnen.
28. In Asien werden Ablehnungen stets in verklausulierenden Formulierungen versteckt.
29. In orientalischen Ländern müssen sich auch Linkshänder an das Verbot halten, mit der linken Hand zu essen.
30. In Südafrika ist es durchaus gestattet, mit der rechten Hand zu essen.
31. Man kann in orientalischen Ländern zwar die Füße übereinander schlagen, darf jedoch nie die Fußsohlen zeigen.
32. Die griechische Gastfreundschaft ist weltberühmt. Der Eingeladene begibt sich jedoch in ein Abhängigkeitsverhältnis zum Gastgeber.
33. Im Iran gilt es als höflich, sich zuerst nach dem Befinden der Gattin und dann erst nach dem Wohlergehen der Kinder zu erkundigen.
34. Business-Frauen sollten ihr Geschlecht bei japanischer Geschäfts-Korrespondenz immer betonen.
35. In Saudi-Arabien ist als Gastgeschenk auf Rheinwein zu verzichten, Saudis bevorzugen Mosel und Saar/Ruwer.

36. In Polen ist es üblich, angebrochene Wodkaflaschen stets leer zu trinken.
37. In Russland wird Wodka in Wassergläsern serviert und muss in einem Zug geleert werden.
38. In Israel gilt es als unhöflich, seinem Gesprächspartner ins Wort zufallen.
39. In Italien bedeutet Ins-Wort-Fallen ein reges Interesse am Gesprächsthema.
40. In Südamerika wird ein offenes Wort immer geschätzt, Ablehnungen sollten ohne Umschweife ausgesprochen werden.
41. In Luxemburg wird Kuchen mit Messer und Gabel gegessen.

So ist es richtig:

zu 1. Falsch! Laute Gespräche zeigen, dass man nichts zu verbergen hat.
zu 2. Falsch! Es gilt als besonders höflich, andere durch Unterhaltungen nicht zu stören. Die Briten haben dazu eine besondere „Leise-Sprech-Technik“ entwickelt.
zu 3. Falsch! Das galt früher. Heute geht der Mann hinter der Frau, um sie bei Gefahr auffangen zu können.
zu 4. Falsch! Diese Wünsche sind „out“.
zu 5. Richtig!
zu 6. Falsch! Das dürfen nur sehr gute Freunde und Verwandte.
zu 7. Richtig! Dies würde Unglück bedeuten. Man beendet z.B. auf diese Weise Beziehungen.
zu 8. Falsch! Er wird zwar gerne getrunken. Als Geschenk ist jedoch der Wert zu gering (Flasche ca. 1 Euro).
zu 9. Richtig!
zu 10. Falsch! Man erhebt sich unverzüglich.
zu 11. Richtig! Diese Meinung vertritt jedenfalls der größte Teil der Islam-Schulen. Es gibt aber auch anders lautende Auslegungen.
zu 12. Falsch! Hier wird das Alkoholverbot lockerer als in anderen arabischen Staaten gehandhabt.
zu 13. Falsch! Die Farbe Weiß steht für den Tod.
zu 14. Falsch!

zu 15. Richtig!
zu 16. Falsch! Zwar sind die Restaurantpreise tatsächlich sehr hoch, Einladungen nach Hause kommen aber so gut wie nicht vor.
zu 17. Richtig! Dies ist sogar ein Zeichen höherer Bildung bzw. eines höheren Standes.
zu 18. Falsch! Die restriktive Alkoholpolitik hat das genaue Gegenteil bewirkt.
zu 19. Falsch! Augenkontakt ist zu vermeiden.
zu 20. Richtig!
zu 21. Richtig!
zu 22. Falsch! Die „Kopfverbeugung" gilt nur für Indien. Verbeugen ist in China nicht verbreitet.
zu 23. Falsch! Niemals den Kopf berühren, dies würde schweres Unglück bedeuten.
zu 24. Richtig!
zu 25. Richtig!
zu 26. Falsch! Zwar genügen als Bekleidung „drei Briefmarken", ganz ohne ist jedoch unschicklich.
zu 27. Falsch! Der Gast darf die Tür nicht selbst öffnen.
zu 28. Richtig!
zu 29. Richtig! Die Linke gilt als unrein, da sie auf der Toilette zu hygienischen Zwecken benutzt wird.
zu 30. Richtig!
zu 31. Richtig!
zu 32. Richtig!
zu 33. Falsch! Solche Fragen sind tabu.
zu 34. Richtig! Sonst gibt es bei Besuchen böse Überraschungen, da man stets von männlichen Geschäftspartnern ausgeht und das Geschlecht deutscher Vornamen nicht immer bekannt ist.
zu 35. Falsch! Es herrscht strenges Alkoholverbot.
zu 36. Richtig!
zu 37. Richtig!
zu 38. Falsch! Dies gilt als besonders engagiert.
zu 39. Richtig! Wer darauf wartet, bis er an der Reihe ist, wird nicht viel sagen können.
zu 40. Falsch!
zu 41. Richtig!

Literatur

- Chin-Ning Chu: China-Knigge für Manager. Frankfurt 1996
- Commer, Heinz: Knigge international. München 1992
- Duerr, Hans-Peter: Traumzeit. Frankfurt 1985
- Fichtinger, Heinz: Knigge fürs Ausland, Freiburg 2003
- Kutschker, Michael: Internationales Management. München 2003
- Hofstede, Geert: Lokales Denken, Globales Handeln. München 2001
- Maletzke, Gerhard: Interkulturelle Kommunikation. Zur Interaktion zwischen Menschen verschiedener Kulturen. Wiesbaden 1996
- Nehls, Gerhard: Was Christen über Moslems wissen sollten. Filderstadt 1984
- Schimmel, Annemarie: Die Zeichen Gottes. München 1995
- Schirrmacher, Christine: Der Islam. Filderstadt 1994
- Weggel, Oskar: Die Asiaten. München 1997

Stichwortverzeichnis

Auf klarem Kurs

Geschäftserfolg weltweit

Im Ausland geschäftlich erfolgreich sein? Dieser Band leuchtet alle Aspekte aus, die es zu bedenken gibt – von der strategischen Planung bis zu operativen Fragen: Marktchancen, Risiken, Planungen, Umsetzung. Dabei steht die Anwendung im Vordergrund.

Peter Kathriner/Roland Schuler
99 Tipps für erfolgreiche Auslandsgeschäfte
184 Seiten, kartoniert
ISBN 978-**3-589-23565-0**

Weitere Informationen zum Programm erhalten Sie im Buchhandel oder im Internet unter **www.cornelsen.de/berufskompetenz**

Cornelsen Verlag • 14328 Berlin
www.cornelsen.de

Cornelsen

Seminarpause

Locker plaudern – auf Englisch

Ob beim Geschäftsessen oder in der Seminarpause – Small Talk spielt bei beruflichen Kontakten eine wichtige Rolle. Dabei sind gesellschaftliche Konventionen zu beachten, deren Kenntnis insbesondere bei internationalen Kontakten unverzichtbar ist. Das beginnt bei der Körpersprache und endet bei Gesprächstechniken und -themen noch lange nicht.

Susanne Watzke-Otte
Small Talk
200 Seiten, kartoniert
ISBN 978-3-589-23934-4

Erhältlich im Buchhandel. Weitere Informationen zum Programm gibt es dort oder im Internet unter **www.cornelsen.de/berufskompetenz**

Cornelsen Verlag • 14328 Berlin
www.cornelsen.de

Cornelsen